NIE ECO SPECIAL 04

UPO
WETLAND

생태로 보는 **우포늪 이야기**

도서 개발에 참여한 **국립생태원 연구원**

김수환, 문호경, 원민혁, 이상훈, 이창수, 추연수, 황정호

NIE ECO SPECIAL 04

생태로 보는 **우포늪 이야기**

발행일 2024년 11월 25일 초판 1쇄 발행
엮음 국립생태원
발행인 조도순
편집 책임 유연봉 | **편집** 최유준

기획·진행 디자인집(진유정, 김정선)
디자인 디자인집(김아현) | **그림** 서지연 | **촬영** 김용수

원고 국립생태원(김수환, 문호경, 원민혁, 이상훈, 이창수, 추연수, 황정호), 권순직, 최순규
사진 국립생태원(김수환, 김형수, 원민혁, 추연수, 황정호), 권혁영, 박승민, 백문기, 성무성, 전주아, 정봉채, 함충호

발행처 국립생태원 출판부 | **신고번호** 제458-2015-000002호(2015년 7월 17일)
주소 충남 서천군 마서면 금강로 1210 / www.nie.re.kr
문의 041-950-5999 / press@nie.re.kr

ⓒ 국립생태원 National Institute of Ecology, 2024
ISBN 979-11-6698-493-8
ISBN 979-11-88154-86-9(세트)

- 국립생태원 출판부 발행 도서는 기본적으로 「국어기본법」에 따른 국립국어원 어문 규범을 준수합니다.
- 동식물 이름 중 표준국어대사전에 등재된 경우 해당 표기를 따랐으며, 우리말 표기가 정립되지 않은 해외 동식물명과 전문용어 등은 국립생태원 자체 기준에 의해 표기하였습니다.
- 고유어와 '과(科)'가 합성된 동식물 과명(科名)은 사이시옷을 불용하는 국립생태원 원칙에 따라 표기하였습니다.
- 두 개 이상의 단어로 구성된 전문 용어는 표준국어대사전에 합성어로 등재된 경우에 한하여 붙여쓰기를 하였습니다.
- 이 책에 실린 글과 그림의 전부 또는 일부를 재사용하려면 반드시 저작권자와 국립생태원의 동의를 받아야 합니다.

※ 이 책에 실린 모든 글과 그림을 저작권자의 허락 없이 무단으로 사용하거나 복사하여 배포하는 것은 저작권을 침해하는 것입니다.

NIE ECO SPECIAL 04

UPO
WETLAND

생태로 보는 우포늪 이야기

NIE ECO SPECIAL 04
생태로 보는 **우포늪 이야기**

CONTENTS

section. 1
가장 오래된 습지, 우포늪

prologue

발간사　　　　　　　　　　　008

습지의 이해　　　　　　　　　010

우포늪 사람들　　　　　　　　　　018

한눈에 보는 우포늪　　　　　　　　026

우포늪 7문 7답
궁금해서 알아보는 우포늪 이야기　　032

우포늪의 변화
우포늪, 소멸 VS. 생성　　　　　　　036

우포늪 관련 기관
가까이, 더 가까이 경험하는 우포늪　　042

section. 2
생명의 습지, 우포늪

section. 3
습지의 미래

class 01 우포늪의 식생 및 식물	054
class 02 우포늪의 조류	072
class 03 우포늪의 곤충	090
class 04 우포늪의 저서성 대형무척추동물류	104
class 05 우포늪의 어류	114
class 06 우포늪에서 볼 수 있는 생물들	126

습지의 가치 습지의 7가지 숨은 기능	134
통계로 보는 습지 우리나라 내륙습지를 한눈에	142
습지의 멸종위기종 습지를 더욱 소중하게 만드는 생물들	152
기후변화와 습지 기후변화가 초래하는 습지 리스크	168
습지 보호 노력 및 과제 습지 보호를 위한 현명한 관리	174
국내외 습지 복원 사례 모두 함께 고민해야 할 습지의 복원, 보전, 이용	184

appendix

용어 색인	193
참고 문헌 및 사이트, 이미지 협조	197

prologue 발간사

습지의 자연과 생태계는 우리 삶의 터전이자 인류의 소중한 자산입니다.
그중에서도 창녕의 우포늪은 오랜 세월 한반도의 생태계를 그대로 품고
있는 특별한 장소입니다. 이 습지는 다양한 생물과 인간이 공존하며
자연의 조화와 경이를 보여주는, 마치 살아있는 박물관과도 같습니다.

단순한 습지를 넘어 수많은 생물들의 보금자리이자 생태계 중심지로서
중요한 역할을 해온 우포늪을 통해,
우리는 자연을 지키고 보호해야 하는 책임을 다시금 깨닫습니다.
이에 국립생태원은 그동안 습지센터에서 연구해온
우포늪 습지보호지역 정밀조사 결과를 모아 NIE ECO SPECIAL 시리즈의
4번째『생태로 보는 우포늪 이야기』를 발간합니다.

이 책은 우포늪의 다양한 생물을 소개하고, 이를 중심으로 우리나라
습지 현황과 보호에 대한 문제를 조명합니다. 이를 통해 우포늪의 소중함을
깨닫고, 습지 생태계의 가치를 발견하기 바랍니다.

또한 이 책이 우리 주변의 습지를 보호하고 가꾸는 작은 실천의 계기를
마련해주길 기대합니다.

국립생태원장 조 도 순

prologue   습지의 이해

한국의 내륙습지와 보전 연구

습지란 '육지 환경과 물 환경의 전이지대로 연중 또는 상당 기간 물이 지표면을 덮고 있거나 지표 가까이에 지하수가 분포하는 지역'을 의미한다. 이러한 습지는 대부분 평탄한 지역에 위치하여 농경지, 주거 단지 등으로 개발되기 때문에 오늘날 우리 주변에서 어느 정도 규모가 있으면서도 잘 보전된 습지는 찾아보기 어렵다. 하지만 최근 습지의 생태적·경제적·문화적 중요성이 대두되면서 관련 인식이 개선되고, 습지의 보호 가치가 재평가되고 있다.

한못 ⓒ 국립생태원 습지센터

다양한 습지의 형태

전 세계적으로 습지는 하천(river), 고층습원(bogs), 저층습원(fens), 저습지(marshes), 소택지(swamps), 맹그로브숲(mangroves), 갯벌(mudflats), 연못(billabongs), 석호(lagoons), 호수(lakes), 범람원(floodplains) 등 다양한 형태로 분포하고 있다. 이러한 형태는 기후와 관련이 높은데, 열대지역 해안을 따라 발견되는 맹그로브숲이나 기온이 낮고 강수량이 풍부한 냉대 기후대에서 발견되는 이탄(peat)의 경우 우리나라에서는 잘 나타나지 않는다. 다만 비교적 해발고도가 높은 대암산 용늪, 무제치늪에서는 이탄이 발견되기도 한다.

대암산 용늪 ⓒ 국립생태원 습지센터

다른 각도에서 본다면 우리나라 내륙습지는 자연 형성 후 그대로 보존된 곳보다 인위적으로 형성된 곳이 많다. 우리 주변에서 흔히 볼 수 있는 저수지가 그렇고, 하천도 제방 및 보 등의 축조로 자연 그대로의 모습을 가진 구간은 드물다. 하지만 우포늪은 1997년 '우리나라 최고(最古)의 원시 자연 늪'이라는 특징을 인정받아 생태계보전지역으로 지정(1999년 습지보전법 제정 후 습지보호지역으로 지정)되었다. 조선시대 우포늪은 하천범람습지로서 낙동강의 범람으로 인해 나무벌, 누포, 모래벌, 소벌, 용장택, 이지포, 쪽지벌 등 다수의 자연 습지로 구분되었다. 그러다가 일제 강점기인 1930년대 대대제방 축조와 1970년대 낙동강과 토평천의 제방 축조 등으로 지금과 같은 모습을 지니게 되었다.

prologue   습지의 이해

습지의 형태

하도습지

영월 한반도습지 ⓒ 국립생태원 습지센터

담수호습지

가야제습지 ⓒ 국립생태원 습지센터

소택지

문의습지 ⓒ 국립생태원 습지센터

하구염습지

공릉천 하도습지 ⓒ 국립생태원 습지센터

저층습원

신불산 고산습지 ⓒ 국립생태원 습지센터

저습지

갓점골습지 ⓒ 국립생태원 습지센터

습지 보전 연구를 위한 조사 현황

정부는 이러한 특성을 지닌 우리나라 습지를 보전하기 위해 1997년 람사르 협약에 가입한 후 1999년 「습지보전법」 제정 및 습지보호지역을 지정하여 2000년부터 습지 조사를 수행하고 있다. 국립생태원 습지센터는 습지의 보전과 연구를 위해 「습지보전법」 제4조에 근거하여 내륙습지 기초조사, 내륙습지 정밀조사, 하구 생태계 조사를 수행하고 있다.

내륙습지 기초조사와 하구 생태계 조사는 내륙습지 목록 내 습지의 변화 및 생태계 현황 등을 조사함으로써 습지의 보전 및 관리에 필요한 기초 자료를 획득하는 연구이다. 담수습지는 내륙습지 기초조사에서, 기수습지는 하구 생태계 조사에서 조사가 이루어지는데 식생, 식물, 저서성 대형무척추동물, 양서·파충류, 조류, 어류의 6개 분야로 나누어 연구를 수행 중이다.

내륙습지 정밀조사는 생태우수습지 및 습지보호지역에 대해 위의 6개 분야 이외에 지형·지질, 수리·수문, 육상곤충, 포유류 등을 추가한 11개 분야로 더욱 세밀한 조사를 통해 습지보호지역 지정 건의와 습지보호지역의 보전·관리 방안을 마련하는 연구이다.

습지 보전 연구의 초기 조사는 대부분 주요 습지에 대한 환경 및 서식 생물의 조사에 초점이 맞춰져 있었지만, 2013년부터 내륙습지 목록 구축(1,916곳)을 시작으로 2017년에 비로소 경계가 포함된 2,499곳의 내륙습지 목록이 구축되어 양적인 비교가 가능해졌다. 이후 내륙습지 목록에 대한 이력 관리 결과와 그간 정리된 하구역에 대한 조사 결과, 습지보호지역 현행화 등으로 2024년 10월 기준 2,708곳(1,1613.7km^2)에 해당하는 내륙습지 목록을 공개하고 있다.

습지 변화 연구와 민간의 보전 노력

국립생태원이 지난 7년간 습지의 변화를 관찰한 결과, 사라진 습지는 총 176곳°(3.2km^2)으로 나타났다. 소실의 원인은 인위적 영향 85%(148곳, 3.0 km^2), 자연적 영향 15%(26곳, 0.2km^2)로 인위적 영향이 매우 큰 것으로 드러났

○ 중복 지역 2곳 있음

다. 이는 습지가 보통 물이 정체되는 평평한 지역에 형성되며 작은 입자의 퇴적물이 쌓여 경작지 개발 등에 유리하기 때문인데, 조사 결과에서도 인위적 영향으로 소실된 습지 중 76%(112곳, $1.8km^2$)가 논 또는 밭으로 개간된 것으로 나타났다. 그밖에는 건축물, 공사, 묘지, 공원, 골프장, 과수원, 도로, 태양광 설비 등으로 습지가 소실되었는데, 이처럼 습지는 인간의 개발 이익과 관련해 상대적으로 보전이 취약한 곳이다.

한편 전국에 대한 내륙습지 조사를 진행 중에, 민간의 습지 및 생물 보전 노력 사례도 찾아볼 수 있었다. 2021년 제주도의 한못 및 쇠선동산습지 조사에서 전주물꼬리풀(*Dysophylla yatabeana*)이 최초로 발견되었는데, 전주물꼬리풀은 멸종위기 야생생물 II급이자 한국적색목록 위기종(EN)으로 현재 제주도의 저지대 습지에서만 생육하는 것으로 알려져 있다. 한못의 경우 민간(여미지식물원)에서 전주물꼬리풀 자생지 환경에 관한 연구 및 개체 이식으로 복원에 성공하였으며 이로 인해 개발 압력이 줄어들기도 했다. 또 제주도 당케해안습지의 경우 기존 습지 경계 내에서는 습지가 자연적 요인으로 소실되었지만, 그 주변으로 멸종위기 야생생물 II급 검은별고사

전주물꼬리풀 ⓒ 한반도의 생물다양성

검은별고사리 ⓒ 한반도의 생물다양성

황근 ⓒ 한반도의 생물다양성

리(*Cyclosorus interruptus*)와 황근(*Hibiscus hamabo*) 군락이 확인됨에 따라 기존 습지 경계의 확장을 검토 중인 사례도 있다.

지속적인 습지 모니터링과 보호 대책 마련

습지는 살아있는 생물과도 같다. 강수량의 변화에 따라 수량이 달라져 면적이 바뀌기도 하고, 수리·수문 등 환경의 변화로 위치 또는 형태가 바뀌기도 한다. 작년에 확인되었던 습지가 자연적 혹은 인공적 이유로 올해 소실되기도 하며, 이러한 변화로부터 기인한 식생의 변화에 따라 그곳을 터전으로 하는 생물들의 구성 또한 바뀐다. 그러므로 내륙습지 목록을 중심으로 생물상을 포함해 지속적인 모니터링을 수행하는 것이 중요하다. 나아가 내륙습지 목록과 생태·자연도와의 연계 체계를 구축해 습지의 훼손 및 소실에 대응하는 방법을 연구 중이며, 습지 복원에 대한 기초 및 응용연구 추진 또한 계획 중이다.

무엇보다 습지 보전에 대한 개인의 인식 증진을 통해 주변의 습지 보호 노력을 실천하는 것이 중요하다. 습지의 중요성을 이해하고 국가와 개인 모두가 습지를 보호함으로써 우리의 삶이 조금 더 나아지기를 기대한다.

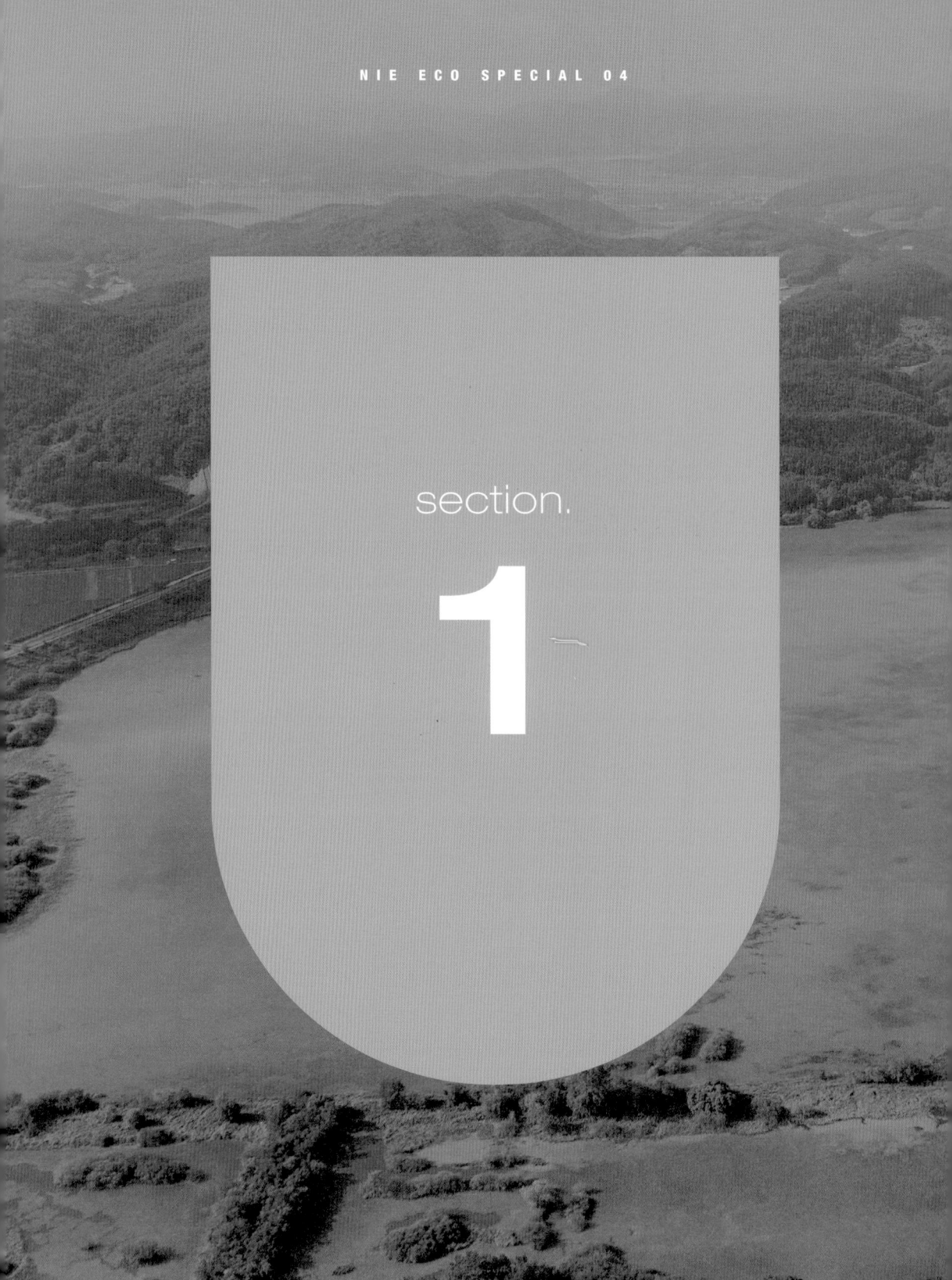

NIE ECO SPECIAL 04

section.
1

생태로 보는 **우포늪 이야기**

가장 오래된 습지,
우포늪

우포늪 사람들

한눈에 보는 우포늪

우포늪 7문 7답
궁금해서 알아보는 우포늪 이야기

우포늪의 변화
우포늪, 소멸 VS. 생성

우포늪 관련 기관
가까이, 더 가까이 경험하는 우포늪

가장 오래된 습지, 우포늪　　우포늪 사람들

삶

늪의 물결은 급하지 않고, 바람도 서두르지 않는다.
자연이 스스로의 리듬을 지키며 살아가는 우포늪,
이곳에서 자신의 자리를 알고 자연과 조화롭게 공존하는 이들…
우포늪에는 여전히 이 곳을 터전 삼아 살아가는 주민들이 있다.

가장 오래된 습지, 우포늪   우포늪 사람들

쉼

자연의 고요함을 오롯이 느낄 수 있는 우포늪에는
혼자 와도 좋고, 둘이 와도 좋다.
부모님과 함께, 아이들과 함께 그저 바라보다가
인간도 자연임을 깨닫는다.
우포늪에는 이렇듯 자연을, 생태를 벗 삼아 쉼을 얻는 이들이 있다.

가장 오래된 습지, 우포늪   우포늪 사람들

앎

물속에 사는 작은 곤충, 늪지대 바닥을 덮고 있는 수초,
그곳을 지나는 작은 물고기, 그리고 수면 위를 나는 물새들까지
생태학자들은 우포늪의 작은 생명체 하나하나를 관찰하고,
변화를 기록하며, 이들을 알기 위해 끊임없이 연구한다.
이것이 우포늪의 소중함을 드러내는 중요한 메시지가 된다는 것을 알기에.

가장 오래된 습지, 우포늪   우포늪 사람들

봄

때로는 수풀 속에서, 혹은 늪으로 들어가
렌즈 속 우포늪을 하염없이 바라본다.
봄 늪의 생명력, 여름 늪의 풍성함
가을 늪의 성숙함, 겨울 늪의 인내함까지 담아내기 위해...
오랜 시간 바라보는 것으로 완성된 사진은
우포늪의 감동을 기록하는 한 권의 책이 된다.

가장 오래된 습지, 우포늪

한눈에 보는 우포늪

위치
35°33′N, 128°25′E

면적
총 8.808km²

- 소벌 - 경남 창녕군 유어면 대대리, 세진리 일원
- 나무벌 - 경남 창녕군 이방면 안리 일원
- 모래벌 - 경남 창녕군 대합면 주매리 일원
- 쪽지벌 - 경남 창녕군 이방면 옥천리 일원
- 산밖벌 - 경남 창녕군 유어면 세진리 일원

보호 현황
- 1997년 7월 26일 - 생태·경관보전지역 지정
- 1998년 3월 2일 - 람사르 협약 습지 등록
- 1999년 8월 9일 - 습지보호지역 지정
- 2011년 1월 13일 - 천연보호구역으로 지정 (천연기념물 524호)
- 2018년 10월 25일 - 제13차 람사르 협약 당사국총회에서 '람사르 습지도시' 인증 (세계 최초)

주소
경남 창녕군 유어면 우포늪길 220

관리 기관
우포생태따오기과 생태정책팀

문의처
관광 안내 055-530-1999 / 관리 문의 055-530-1553

누리집
cng.go.kr/tour/upo.web

우포늪 도보 코스

가장 오래된 습지, 우포늪

- 우포늪 생명길 탐방로
- 일반 탐방로

수위 상승 시 탐방 불가

부곡마을 · 노동마을 · 장재마을 · 사지마을 · 옥천리 · 토평마을 · 대대리 · 유어면 · 세진리

우만제방 · 왕버들 군락 · 왜가리 집단번식지 · 소목마을 주차장 · 숲탐방로2길 · 주매제방 · 간이휴게시설 · 사지포제방 · 숲탐방로3길 · 목포제방 · 제2전망대 · 자전거반환점 · 대대제방 · 자전거2코스 · 자전거1코스 · 제1전망대 · 따오기복원센터 · 숲탐방로1길 · 우포늪생태관 · 우포늪 생명길 탐방로 출발·도착점 · 사초군락 · 모곡제방 · 우포 출렁다리

모래벌 · 나무벌 · 소벌 · 쪽지벌 · 산밖벌

거리: 0.4km, 1.2km, 2.0km, 0.7km, 0.7km, 0.2km, 1.2km, 1.4km, 0.7km, 1.3km, 0.5km, 0.5km

029

코스 1. (30분 / 1km)
① 우포늪생태관 - ② 제1전망대 - ③ 숲탐방로 1길 - ④ 우포늪생태관

코스 2. (2시간 / 4.8km)
① 소목마을 주차장 - ② 숲탐방로 3길 - ③ 제2전망대 - ④ 목포제방 - ⑤ 우만제방 - ⑥ 왕버들군락 - ⑦ 소목마을 주차장

코스 3. (3시간 / 8.4km)
① 우포늪생태관 - ② 대대제방 - ③ 사지포제방- ④ 숲탐방로 2길 - ⑤ 소목마을 - ⑥ 숲탐방로 3길 - ⑦ 제2전망대 - ⑧ 목포제방- ⑨ 사초군락- ⑩ 전망대 - ⑪ 우포늪생태관

코스 4. (3시간 30분 / 9.7km)
① 우포늪생태관 - ② 대대제방 - ③ 사지포제방- ④ 숲탐방로 2길 - ⑤ 소목마을 - ⑥ 숲탐방로 3길 - ⑦ 목포제방- ⑧ 우포 출렁다리 - ⑨ 산밖벌 - ⑩ 우포늪생태관

우포늪 탐방 안전 수칙

① 우포늪 탐방로는 24시간 개방되어 있으나, 안전을 위해 일몰 전에 탐방을 끝내며 일몰 후 탐방 자제 요망
② 여성·노약자·청소년 등이 혼자 여행할 경우, 다른 탐방객과 함께 걷기
   ※ 혼자 이동 시 안내소 등 연락처 기재 후 이동
③ 우천 등으로 인한 수위 상승 시 탐방 불가 구간 발생 유의

궁금해서 알아보는
우포늪 이야기

SNS에 올린 사진 한 장으로 여행 명소가 생겨나고 전파되는 세상이지만, 여전히 어떤 곳은 왜 그곳이 좋은지 또 어떻게 둘러보는 게 효율적인지 약간의 사전 학습(?)이 필요하다. 특히 우포늪은 생각보다 규모가 큰 습지이기 때문에, 어느 곳에 가서 무얼 할지 어느 정도 염두에 두고 발걸음해야 후회가 없다. 우포늪에 대해 미리 알아두면 좋은 지식들을 Q&A 형태로 정리해 보았다.

우포늪은 어떤 습지이고 정확한 위치는 어디인가요?

우포늪은 경남 창녕군 유어면, 이방면, 대합면, 대지면에 걸쳐있는 총면적 $8.808km^2$의 광활한 늪지입니다. 크기는 가로 약 $2.5km$, 세로 약 $1.6km$ 정도인데 중간중간 제방을 쌓아 현재는 우포, 목포, 사지포, 쪽지벌, 산밖벌의 5개 늪으로 구성되어 있습니다. 인근의 화왕산 계곡에서 발원한 물이 토평천으로 흘러 이곳 우포늪에서 호소성 배후습지를 이루다가 다시 토평천 하류로 흘러 낙동강으로 유입이 되지요.

우포늪이 형성된 시기는 지금으로부터 약 6천 년 전 해빙기가 끝나 해수면이 안정된 때였을 것으로 추정되는데, 평소 토평천에서 낙동강으로 흐르던 물이 홍수가 났을 때 역류하는 현상이 반복되고 배수가 원활히 이루어지지 않으면서 물이 고인 늪이 만들어진 것입니다.

우포늪은 왜 우포라고 불리나요?

우선 문헌상으로는 조선 후기 창녕에 거주하던 유학자가 쓴 『화왕산 유람기(火旺山遊覽記)』에 '우포(牛浦)'가 언급된 기록을 발견할 수 있습니다. 그 이전인 1477년 편찬된 『동국여지승람(東國輿地勝覽)』 창녕현 편에 언급된 '누구택(樓仇澤)'과 1861년 김정호의 『대동여지도(大東輿地圖)』에 나오는 '누포(漏浦)'라는 지명이 오늘날 우포의 위치와 거의 일치하지만, 정확한 어원과 명칭의 변천사는 아직 밝혀지지 않았습니다.

다만 현지 주민들은 우포, 목포, 사지포를 여전히 소벌, 나무벌, 모래벌로 부르고 있는데, 이 늪을 소벌이라 부른 이유는 근처 땅의 모양이 소와 닮아서일 가능성이 높아 보입니다. 우포와 목포 사이에 있는 지역이 소의 목 부분에 해당해 '소목마을'로 불린다는 이야기도 이를 뒷받침하는 근거가 되고 있습니다.

우포늪의 가치는 어디에 있나요?

우포늪은 우리나라에 흔치 않은 하천형 배후습지인 동시에, 국내 최대 규모의 자연 내륙습지입니다. 우포늪은 늪 자체로도 중요하지만 이러한 원시 자연에 멸종위기종을 비롯한 수많은 생물들이 서식해 보전 가치가 매우 높은 것입니다. 이에 우리 정부와 지자체, 환경단체는 환경부 생태·경관보전지역 지정(1997년)과 국제 람사르 습지 등록(1998년)을 비롯해 습지보호지역(1999년), 천연보호구역(2011년) 지정 등을 통해 우포늪이 훼손되지 않도록 보호하고 있습니다. 또 이러한 습지 보전 및 이용에 지역사회가 적극 참여한 결과, 2018년 제13차 람사르협약 당사국총회에서 인제군 대암산 용늪, 제주 동백동산습지 등과 함께 세계 최초의 람사르 습지도시로 인증받기도 했습니다.

람사르 협약, 람사르 습지는 무엇인가요?

1960년대 전 세계적으로 습지의 황폐화가 진행되면서 이동성 물새의 서식지가 위협받자, 이에 대한 우려로 습지 보전을 위한 정부 간 조약이 개발되기 시작했습니다. 1971년 2월, 이란의 람사르(Ramsar)에서 최초로 습지에 관한 협약이 논의되었고, 이후 습지에 관한 국제적 협약을 '람사르 협약(Ramsar Convention)'이라 부르게 되었죠. 람사르 협약은 국제적으로 중요한 습지의 생태적 특성을 유지하기 위해 각 회원국이 자국의 영토 내 모든 습지에 대해 현명하고 지속가능한 이용 계획 수립을 요구하고 있습니다. 우리나라는 1997년 7월 28일에 101번째로 가입하였으며, 현재 26개의 지역이 람사르 습지로 지정되어 있습니다.

우포늪은 어떻게 관리되고 있나요?

환경적, 생태적 가치를 인정받은 우포늪은 5명의 환경감시원이 배치돼 보전지역 전역을 단속하고 있습니다. 이들은 논우렁이 채취나 낚시 같은 허가되지 않은 행위, 쓰레기 무단 투기, 야생생물 불법 포획 및 채취, 늪 주변 산림이나 하천의 훼손, 오·폐수나 농약으로 인한 수질오염 등이 발생하지 않도록 방지 활동을 합니다.

한편 우포늪 주변의 토지는 대부분 밭으로 이용되고 있는데, 여름이면 장마철에 침수가 되기 때문에 주민들은 주로 겨울에 마늘, 양파 등을 재배합니다. 우포늪 환경단체와 감시원들은 이 경작지가 생태적 건전성을 이룰 수 있도록 살피고 또 우포늪 주변이 생태탐방 등 자연학습지로 이용되도록 돕는 역할을 합니다.

우포늪에 가면 어떤 생물들을 볼 수 있나요?

우포늪은 생태적 천이의 중간 단계로 각종 물질의 전환이 이루어짐과 동시에 고도로 다양화된 생물상을 보여주는 곳입니다. 특히 800여 종의 식물과 200여 종의 조류를 비롯해 다양한 포유류, 양서·파충류, 어류, 곤충류를 계절마다 만나볼 수 있습니다. 봄이면 왕버들, 개구리밥, 붉게 물든 자운영 군락을 볼 수 있고 여름에는 새끼들을 몰고 다니는 논병아리, 물닭을 만날 수 있으며, 가을에는 억새, 갈대가 만개할 것이고 겨울이면 큰고니, 큰기러기 등 겨울철새의 군무도 목격할 수 있겠지요.

이 중에는 삵, 수달, 맹꽁이, 남생이처럼 이제는 자취를 감추어 가는 멸종위기 야생생물들도 있으니, 우포늪을 찾는 관광객들은 두 눈을 크게 뜨고 주변을 살펴야 할 것 같습니다.

우포늪에서 할 수 있는 생태 체험은 어떤 것들이 있나요?

우포늪을 가장 잘 경험하는 방법은 도보나 자전거를 이용한 산책 코스겠지만, 우포늪에는 이밖에도 다양한 즐길거리가 있습니다. 특히 아이들과 함께 이 곳을 찾는 가족 단위 관광객이라면 대합면에 위치한 우포늪 생태체험장에 들러볼 것을 권합니다. 우포늪을 축소한 수생식물 단지에서 쪽배 타기, 물고기 먹이 주기, 미꾸라지 관찰, 수서곤충 채집 등 다양한 수렵 체험을 할 수 있으니까요. 소정의 체험료가 있고 현장에서도 예약이 가능하나 인원이 많을 경우 사전 예약 후 방문하는 게 좋겠지요.

혹시 날씨가 너무 덥거나 추워서 혹은 비가 와서 우포늪을 제대로 관찰하기 어렵다면, 유어면에 위치한 우포늪 생태관을 찾아 우포늪에 대한 개괄적 정보를 얻고 간접 체험하는 방법도 추천합니다.

가장 오래된 습지, 우포늪   우포늪의 변화

우포늪,
소멸 vs. 생성

공룡이 살았다는 중생대 백악기부터 생성되기 시작한 우포늪. 1억 4천만 년이라는 긴 시간 동안 그 생태계 안에서는 얼마나 많은 생성과 소멸이 반복되었을까? 가늠하기 어려울 정도의 수많은 변화들을 전부 찾아낼 수는 없지만, 현재 우리가 마주하고 있는 소멸과 생성의 과정을 짚어본다.

소멸 1.
향수가 된 이름

"1810년 3월 15일에 복숭아꽃이 만발하고 봄옷이 당지어진 이 같은 좋은 때에 어찌 바람을 쐬고 돌아오지 아니하리오? (중략) 우포 소맥산(小麥山)을 지나..." '우포'라는 이름이 등장하는 가장 오래된 기록, 도호(道湖) 노주학(盧周學) 선생의 문집 『화왕산 유람기』의 내용이다. 이후 일제강점기에 우포, 목포, 사지포라는 한자어 명칭이 사용되고, 우리나라 최초의 50000:1 실사지도에도 같은 지명으로 표기되었다.

○ 김호익, 2018, 창녕우포늪 전자문화지도 참고

하지만 마을 사람들은 우포늪을 이루고 있는 세 개의 늪을 소벌, 나무벌, 모래벌로 불렀다. 소벌은 우포늪과 목포늪 사이에 자리한 우항산을 위에서 내려다보면, 이곳의 지형이 소의 목처럼 보여 마치 소가 물을 먹는 모습 같아 '소가 마시는 벌'이라는 의미로, 또는 소에게 물을 먹이는 곳이라 해서 붙여진 이름이다. 나무벌은 땔감을 많이 모을 수 있는 곳이라는 뜻으로, 모래벌은 상류에서 흘러온 모래가 다른 곳보다 많이 쌓여 있다는 의미를 가진다. 하지만 가장 큰 늪의 이름을 따서 전체를 우포늪이라 부르고 이것이 탐방객들에게 알려지면서, 소벌, 나무벌, 모래벌이라는 이름은 점점 잊혀져 가고 있다.

소멸 2.
마지막 육지해녀

'육지'와 '해녀', 조합을 이룰 수 없을 것 같은 두 단어가 만난 '육지해녀'는 무슨 의미일까? 바다가 아닌 늪에서 물질을 하는 사람, 즉 우포늪에서 맨손으로 생물을 채취하던 아낙네들을 지칭하는 용어다. 이 별칭이 생기기 전에는 우포늪에서 논고둥을 채취하는 모습을 흔히 볼 수 있어 '논고둥 아지매'라고도 불렸다. 인근의 육지해녀들은 자신의 키보다 긴 줄풀에 가득 붙은 논우렁이(논고둥)를 손으로 쓸어 담았고, 수생식물인 마름 열매를 땄다.

집으로 간 후에는 논우렁이를 삶아 큰 바늘로 껍데기 속 살을 발라내어 무게를 달아 팔았다. 지금은 멸종위기 야생생물 I급으로 지정된 민물조개 귀이빨대칭이를 늪에서 주웠고, 보리새우, 붕어, 미꾸라지 등을 잡았다. 겨울철에는 휴면 상태에 드는 쏘가리나 잉어도 잡았다.

하지만 1998년 람사르 협약 습지로 지정되면서 허가를 받은 사람이 아니면 함부로 생물을 채취할 수 없도록 규정이 바뀌었고, 예전만큼 생물이 잡히지도 않는다. 특히 논고둥은 하루 종일 찾아도 한두 개나 볼 수 있을 정도이고, 말밤은 알이 제대로 차지 않는다. 마지막 육지해녀인 임○순 할머니도 건강상의 문제로 2024년부터 우포늪에 나가지 못하면서, 다양한 생물을 채취하던 육지해녀들의 모습은 더 이상 볼 수 없게 됐다.

논우렁이 아지매 ⓒ 창녕군

우포늪의 어부들 ⓒ 창녕군

소멸 3.
우포늪의 어부들

아주 오래 전부터 우포늪은 가난한 사람들과 인근 주민들에게 삶의 터전이었다. 특히 늪지대의 어부들은 전통적 조업 방식인 '빙망질'과 친환경적 도구인 '가래'를 이용해 물고기를 잡아 생계를 꾸렸다. 하지만 람사르 습지로 지정되면서 동력선을 띄울 수 없게 되었고, 허가를 받은 8명의 어부만이 긴 장대를 저어 움직이는 '늪배'를 타고 붕어, 잉어, 가물치 등을 잡을 수 있게 됐다.

세월이 흘러 지금은 평생 우포늪의 어부로 살아온 아버지의 명맥을 유일하게 이어가고 있는 석○성 씨가 우포늪의 마지막 어부이다. 자신을 '게으르게 물고기를 잡는 어부'라고 설명하는 그에게, '늘 첫 고기는 놓아준다'는 철칙을 가르친 아버지는 건강 악화로 더 이상 늪에 나갈 수 없게 됐기 때문이다.

생성 1.
가짜 어부

아이러니하게도 진짜 어부가 사라져가면서 가짜 어부가 등장했다. 우포늪이 여행지로 관심을 끌면서 물안개 핀 늪의 어부 모습을 촬영하려는 사진작가들이 많아졌고, 점점 물질을 방해당한 어부들의 원성이 커지고 마찰이 잦아지자, 우포늪 환경지킴이 주○학 씨가 어부 흉내를 내주기 시작한 것이다. 70만 평에 달하는 우포늪에서 쪽배를 타고 다니며 쓰레기를 줍고 기꺼이 어부 역할까지 해주는 주○학 씨, 그리고 마지막 어부 석○성 씨까지도 오래도록 볼 수 있기를... 우포늪을 아끼고 찾는 모두의 바람이다.

생성 2.
새로운 명물 출렁다리

우포늪에는 사라져가는 것들이 많지만, 반대로 하나둘 생겨나는 것도 있다. 대부분은 우포늪을 찾는 탐방객이 늘어나면서 편의와 재미를 위해 만들어진 것들로, 가장 대표적인 것이 출렁다리다. 2016년 훼손지 복원사업의 일환으로 건립된 다리(창녕군 이방면 옥천리 756번지)는 길이 98.8m 폭 2m 규모로 토평천 하류의 이방면 옥천리와 유어면 세진리 두 곳을 잇는다. 늪을 기준으로 보자면, 산밖벌과 쪽지벌을 이어줌으로써 단절된 우포늪 탐방로를 연결한다. 강철 케이블과 목재 데크로 만들어진 다리는 특유의 출렁거림으로 탐방객들에게 색다른 재미를 주지만, 습지 위로 펼쳐진 수초와 물새들을 더 가까이에서 관찰할 수 있다는 것이 가장 큰 매력이다. 자연환경의 훼손을 최소화하여 설치된 구조물인 만큼, 다리를 이용할 때는 무리하게 구르거나 뛰지 않고 자연을 존중하는 마음이 필요하다.

우포늪 제2전망대 ⓒ 창녕군 공식 블로그(blog.naver.com/cngblog)

생성 3.
우포늪 조망 시설

출렁다리 외에도 탐방객들이 우포늪의 전경을 조망할 수 있도록 전망대 2곳과 관찰대 3곳이 조성됐다. 평지보다 높은 위치에 있는 전망대에서는 길게 뻗은 왕버들과 우포늪을 가로지르는 야트막한 둑까지 우포늪의 시원한 전경을 감상할 수 있다. 전망대와 제방길을 따라 걸어가는 길 군데군데에는 무료로 사용할 수 있는 망원경도 설치되어 있어, 가까이에서 보기 어려운 천연기념물 따오기나 시베리아에서 온 큰고니, 수면 위에 떠 있는 둥지에 알을 낳는 물꿩 등을 근접한 듯 볼 수 있다. 목포정이나 주매정처럼 잠시 쉬어갈 수 있는 정자형 공간도 만들어져 긴 탐방로도 여유롭게 즐길 수 있다.

가장 오래된 습지, 우포늪　　우포늪 관련기관

가까이, 더 가까이 경험하는
우포늪

우리나라에서 가장 오래된 원시 자연 습지 우포늪은 한눈에 전경을 다 담을 수 없을 만큼 넓은 지역이다. 그래서 사전 정보 없이 무턱대고 이곳을 찾았다간 낭패를 볼 수 있다. 우포늪에서 내가 꼭 보아야 할 지점은 어디이고, 도보나 자전거로 둘러볼 구간은 어디인지 미리 확인하는 지혜가 필요하다. 그렇게 우포늪을 직접 경험하기 전, 혹은 경험한 후 우포늪을 더 잘 이해할 수 있도록 도와주는 공간과 우포늪 생태 연구기관이 있어 소개한다.

place. #1

멸종위기 따오기의 종 보존을 위한
따오기복원센터

주소
경남 창녕군 유어면 둔터길 62

운영 시간
1회 9:45~11:30 / 2회 10:15~12:00
3회 14:00~15:30 / 4회 14:30~16:00

휴무일
매주 월요일(월요일이 공휴일일 경우 다음 날)

이용 방법
하루 4회, 회당 50명 내외의 사전 관람 신청을 받고 조류 독감 확산, 따오기 건강 상태 등에 따라 유동적으로 운영

이용 요금
무료

문의
055-530-1581

황새목 저어새과에 속하는 따오기는 1970년대부터 우리나라에서 자취를 감춘 멸종위기 야생생물 I급 조류다. 2008년 중국 주석의 방한을 기념하여 기증받은 따오기 한 쌍의 복원·증식지가 우포늪으로 결정되면서 창녕군의 중장기 프로젝트가 시작되었고, 그 중추적 역할을 수행하는 곳이 지금의 따오기복원센터다.

우포늪 인근에 위치한 따오기복원센터는 종 복원에 필요한 연구관리동, 검역동, 번식 케이지, 방사장 등을 갖추고 있으며, 일반인들에게는 연구관리동 1층에 마련된 우포 따오기 역사 체험관과 번식 케이지 등 일부 시설만 공개하고 있다. 따오기는 번식기에 특히 예민하고 조류 독감 발병과 확산 등 주의 사항이 많기 때문에 관람 전 반드시 따오기복원센터에 문의 후 사전 예약을 하고 방문해야 한다.

가장 오래된 습지, 우포늪   우포늪 관련기관

place. #2

우포늪을 체험하고 이해할 수 있는,
우포늪생태관

주소
경남 창녕군 유어면 우포늪길 220

운영 시간
09:00~18:00(17:00 입장 마감)

휴무일
매주 월요일(월요일이 공휴일일 경우 다음 날),
1월 1일

이용 요금
무료

문의
055-530-1556

우포늪이 지닌 자연적, 생태적 가치를 널리 알리고 홍보하기 위해 창녕군에서 운영하는 전시관이다. 2008년 개관 후 한 차례 리모델링을 거쳐 2020년 재개관하였다. 입구를 들어서면 우포늪 전체를 조망할 수 있는 모형과 더불어 우포늪 곳곳에 설치된 CCTV를 통해 현재 우포늪의 모습을 실시간으로 볼 수 있다.

전시관 내부는 우포늪의 생태 환경을 잘 이해할 수 있도록 총 5개의 주제로 나누어 우포늪의 역사, 우포늪에 서식하는 생물, 우포늪의 다양한 풍경, 우포늪에서 살아가는 사람들과 문화 이야기를 담고 있는데 적절한 영상과 모형으로 이해를 돕는다. 창녕군 홈페이지를 통해 사전 신청하면 무료로 해설사의 자세한 설명을 들을 수 있으며, 주말에는 초등학생과 가족을 대상으로 진행되는 다양한 생태 체험 프로그램에도 참여할 수 있다.

가장 오래된 습지, 우포늪   우포늪 관련기관

place. #3

자연학습과 생태 체험을 동시에
우포늪 생태체험장

주소
경남 창녕군 대합면 우포2로 370

운영 시간
10:00~18:00

휴무일
매주 월요일

이용 방법
실내 전시실과 전망대는 상시 관람 가능,
생태 체험은 사전 예약 후 이용

이용 요금
무료(체험비 별도)

문의
055-532-0090

우포늪 생태체험장은 우포늪의 상류를 복원시켜 조성한 수생식물 단지에 전시동, 수생식물원, 야생화원, 생태 텃밭 등을 조성함으로써 습지의 생태를 배우고 경험할 수 있도록 다양한 프로그램을 제공하는 곳이다. 연꽃 모양을 모티브로 지어진 실내 전시동에서는 우포늪에 서식하는 생물들을 디오라마와 VR, 수족관을 통해 만날 수 있고, 2층 전망대에서는 생태체험장 전체를 한눈에 조망할 수 있다.

하지만 이곳을 찾는 탐방객들에게 무엇보다 인기를 끄는 것은 미꾸라지 잡기, 쪽배 타기, 논고둥 잡기 등의 생태 체험 프로그램. 사전 신청을 통해 5천 원 정도의 체험비를 지불하면 가족 단위 소규모 관람객도 쉽게 참여할 수 있고, 단체 관람객들의 생태 교육장으로도 활용도가 높아 각광받고 있다.

가장 오래된 습지, 우포늪   우포늪 관련기관

place. #4

자연 그대로의 생태를 만나는,
창녕생태곤충원

주소
경남 창녕군 대합면 우포2로 333

운영 시간
10:00~17:00

휴무일
매주 월요일(월요일이 공휴일일 경우 다음 날),
1월 1일, 설날, 추석

이용 요금
성인 8,000원 / 어린이 5,000원
(※ 단체, 지역민 할인 있음)

문의
055-530-7411

우포늪 인근 약 12,000평의 대지에 조성된 창녕 생태곤충원은 각종 곤충을 테마로 한 체험학습관이다. 전시관 1층에는 왕잠자리를 비롯해 우포늪에 서식하는 여러 종류의 곤충 표본과 장수풍뎅이, 하늘소 등 살아 움직이는 곤충 및 유충을 볼 수 있다. 특히 이곳의 가장 큰 장점은 다양한 곤충과 유충을 가까이에서 직접 만져볼 수 있다는 점인데, 전시관 2층에서는 대형 수조에서 자라는 두꺼비에게 애벌레 먹이 주기, 손바닥에 사슴벌레 올려 보기, 도둑게 찾기 등의 체험도 할 수 있다. 2층 전시관과 연결 통로로 이어진 별관 온실은 열대 습지 형태로 조성되어 바나나와 파인애플, 애플망고가 자라는 모습을 볼 수 있고, 화초 사이를 날아다니는 각종 나비와 파리지옥, 끈끈이주걱 등 식충식물도 볼 수 있다. 곤충에 관심이 있는 아이들과 함께 찾으면 좋은 생태학습의 기회가 될 것이다.

가장 오래된 습지, 우포늪   우포늪 관련기관

place. #5

습지의 보존과 공존을 위한 전문 연구기관
국립생태원 습지센터

주소
경남 창녕군 이방면 이산길 38

문의
055-530-5503

2012년 경남 창녕에 세워진 국립환경과학원 국립습지센터가 효율적인 생태 조사·연구를 위해 기능과 조직이 이관되면서 2019년 '국립생태원 습지센터'로 거듭났다. 습지센터는 습지보전법에 따라 전국의 내륙습지에 대한 조사 및 연구와 지속가능한 습지 이용을 위한 교육·홍보, 국내외 관련 정책 지원 업무를 수행하고 있다.
또 인근의 우포늪과 토평천 환경정화 활동, 취약계층 LED 조명 지원, 새집 달기 봉사활동 등을 통해 지역사회 주민들과 소통하고 협력하며 공공기관의 사회적 역할도 다하고 있다.

습지센터는 앞으로도 습지 연구 전문기관으로서의 위상 확립 및 습지의 현명한 이용 문화 정착, 그리고 습지 보전, 관리 정책 선진화를 통해 인간과 습지의 조화로운 공존을 위해 노력할 것이다.

생태로 보는 우포늪 이야기

생명의 습지, 우포늪

class 01
우포늪의 식생 및 식물

class 02
우포늪의 조류

class 03
우포늪의 곤충

class 04
우포늪의 저서성 대형무척추동물류

class 05
우포늪의 어류

class 06
우포늪에서 볼 수 있는 생물들

생명의 습지, 우포늪　　우포늪의 식생 및 식물

노랑어리연꽃
ⓒ 창녕군

class. 01

우포늪의 식생 및 식물

우포늪은 주기적인 수위 변동으로 인해 범람과 침수가 반복되는
낙동강 배후습지이다.

이러한 환경은 토양의 물질 순환과 산소 공급을 촉진하여
식물의 생육에 긍정적인 영향을 미친다.
또한 물과 친화적이며 침수 스트레스에 내성이 강한 수생 및
습생식물에게는 생육하기 좋은 조건을 제공한다.

2016년에 수행한 우포늪 조사 결과에 따르면
18개의 식물 군락이 확인되었고
관속식물은 총 400분류군이 생육하는 것으로 확인되었다.

주기적 범람이 만드는 생태계

우포늪은 화왕산 계곡에서 발원해 흘러들어온 물과 낙동강 본류에서 범람한 물이 그 지류인 토평천으로 거슬러 올라와 지형이 침하된 곳에 고여 형성된 것이다. 이후 제방 건설로 인해 우포늪은 의도적으로 우포, 목포, 사지포, 쪽지벌 4개로 구획화되었다. 그럼에도 지속적인 범람과 하상 퇴적 과정을 겪으면서 우포늪 생태계는 온전하게 유지되고 있으며, 이러한 환경적 특성에 부합하는 습지 식생이 지속되고 있다. 우포늪은 주기적인 범람이 토양으로 영양분을 공급하는 환경이다. 퇴적물의 토성은 실트 함량이 높은 미사질양토(silty loam)이며, 유기물 및 유효인산 함량이 각각 28g/kg과 113mg/kg이다. 토양의 배수와 보수력이 적절한 균형을 이루고 있으며, 영양염이 높은 호소성 환경을 나타내고 있어 습지 식생이 생육하기에 양호한 환경이다.

우포늪 일대의 식물군락은 수분 조건과 입지에 따라 크게 습지식생 11개, 육상식생 7개로 구분되었다. 이 중 습지식생은 연중 일정한 수심이 유지되는 개방수역을 중심으로 마름 - 생이가래군락과 연군락이, 침수 및 범람이 잦은 수변부에는 갈대군락, 도루박이군락 등 4개 식물군락이, 습한 환경이 지속되는 습지와 육상 생태계의 경계 지역에는 선버들 - 이삭사초군락, 왕버들군락 등 5개 식물군락이 발달하고 있다.

우포늪의 상징, 가시연

우포늪 탐방의 대표적인 시작 코스는 우포늪생태관으로, 주차장에 차량을 세우고 입구 쪽으로 걸어가다 보면 표지석을 발견하게 된다. 표지석에는 우포늪을 상징하는 마크인 가시연과 람사르 습지도시 인증 마크, 따오기가 새겨져 있으며, 2019년 창녕군은 군화(郡花)를 가시연으로 변경하였다. 그만큼 가시연은 창녕군과 우포늪의 대표적인 상징물이며, 국내적으로도 보전 가치가 높은 식물이다. 습지 개발과 오염 등으로 서식지 파괴가 심각할 뿐만 아니라 다른 식물 종과의 경쟁에도 취약하여 1998년 멸종위기 야생생물 Ⅱ급으로 지정되었기 때문이다. 이렇듯 자연 생태계에서 접하기 쉽지 않은

가시연 ⓒ 추연수

가시연
Euryale ferox

분류 체계	Magnoliophyta 피자식물문 > Magnoliopsida 목련강 > Nymphaeales 수련목 > Nymphaeaceae 수련과 > *Euryale* 가시연속
크기	잎의 지름 0.2~1.5m
분포	일본, 중국, 대만, 인도, 한국(중부 이남)
출현 시기	7~8월
특징	부엽성 한해살이 식물로 오래된 연못, 저수지, 늪 등에서 서식한다. 대체로 유속이 느리며 수심이 1.5m로 유지되는 곳을 선호한다. 식물의 이름처럼 잎, 꽃자루, 열매 등 식물체 전반에 걸쳐 가시가 많이 나 있으며, 현재 멸종위기 야생생물 II급으로 지정되어 있다.

가시연이 우포늪에 자생하는 것으로 보고되어 상징성을 더할 수밖에 없을 것이다.

가시연의 학명은 그리스 신화 메두사(Medusa)의 자매인 에우리알레(Euryale)의 이름에서 유래되었다. 무서운 얼굴과 뱀의 머리카락을 가시투성이의 잎과 꽃에 비유한 것으로, 식물체 전체에 가시가 돋아 있어 우리나라에서도 '가시연'이라고 명명하였다. 가시연은 부엽식물(Floating leaved plant)로 종자에서 발아한 잎이 수면 위로 올라와야 하기 때문에 0.5~1m 이내의 수심을 선호한다. 촘촘히 박힌 꽃봉오리가 가시투성이의 두꺼운 잎을 뚫고 올라와 자주색 꽃을 피우는 과정은 가시연의 생김새만큼이나 특이하다. 게다가 꽃봉오리가 맺혔다고 해도 수온, 수심, 일조량 등 환경 조건이 까다로워 활짝 핀 모습을 보기가 쉽지 않다.

가시연은 한해살이 식물로 겨울이 되면 종자만 남긴 채 식물체는 고사한다. 개화 조건만큼이나 종자의 발아 조건도 까다로운 것으로 알려져 있다. 수질, 종자가 묻히는 토양의 깊이, 빛이 도달할 수 있는 물의 깊이 등 환경요인의 합이 맞아야만 한다. 그러나 가시연은 쉽게 멸종되지 않을 본인만의 획기적인 전략을 가지고 있다. 바로 물속에 잠긴 종자는 쉽게 썩지 않고 발아력을 유지한 채 땅속에 묻혀 발아가 가능한 최적의 조건이 오기만을 기다리는데, 이를 매토종자라 일컫는다. 그래서 가시연 종자는 휴면 상태로 장기간 보관되어 복원사업에 활용하기도 한다. 까다로운 발아 조건 외에도 유사한 환경의 서식처를 활용하는 식물과의 경쟁 때문에 최근 우포늪에서 가시연을 보는 것은 쉽지 않다. 가시연보다 발아 시기가 빠른 마름과의 경쟁에서 밀려 생육에 필요한 공간과 자원을 빼앗기고 있으며, 사지포에서는 연꽃이 수면 위를 피복하여 다른 수생식물들의 생육을 방해하고 있기 때문이다.

우포늪을 피복하는 수생식물

우포늪에는 침수식물, 부엽식물, 부유식물, 정수식물 등 다양한 생활형을 가진 수생식물 37종이 생육한다. 이들은 수심에 따른 빛의 강도, 영양염류 등 제한된 자원을 두고 경쟁한다. 그중에서 부엽식물에 해당하는 마름은 우포늪 수면의 가장 넓은 면적을 피복하며 부유식물인 생이가래, 침수식물인 붕어마름, 검정말 등과 같이 군락을 형성하고 있다. 이처럼 마름은 번식력이 강하여 저수지나 둠벙 등 물이 고인 곳에서 흔하게 발견되며, 특히 질소와 인 같은 영양염류가 풍부한 환경을 선호한다. 때문에 부영양화의 지표종으로 간주되어 수질 개선의 필요성을 간접적으로 나타내기도 한다.

'마름'이라는 이름은 우리가 알고 있는 마름모 모양이 마름의 잎 모양에서 유래했다는 설과, 반대로 잎이 마름모꼴이어서 '마름'으로 명명되었다는 설이 있다. 또한 마름의 열매에서 밤 맛이 난다고 하여, 수초에 달리는 밤이라는 의미로 '말밤'이라고 칭하던 것이 점차 마름으로 변한 것이라고도 한다. 마름은 열매도 마름모 형이며, 길이 1~1.5cm 정도 되는 4개의 뿔이 있는 것이 특징이다.

마름 ⓒ 추연수

마름
Trapa japonica

분류 체계	Magnoliophyta 피자식물문 > Magnoliopsida 목련강 > Myrtales 도금양목 > Trapaceae 마름과 > *Trapa* 마름속
크기	잎의 너비 3~8cm
분포	유럽, 중국, 일본, 한국
출현 시기	7~9월
특징	부엽성 한해살이 식물로 저수지, 늪 등 전국의 습지에서 흔히 확인된다. 마름모 형의 잎이 원줄기 끝에서 사방으로 퍼져 수면을 덮고 있으며, 공기 주머니가 잎자루에 달려 있어 물 위에 뜨는 것이 특징이다.

자라풀 ⓒ 추연수

자라풀
Hydrocharis dubia

분류 체계	Magnoliophyta 피자식물문 > Liliopsida 백합강 > Hydrocharitales 자라풀목 > Hydrocharitaceae 자라풀과 > *Hydrocharis* 자라풀속
크기	잎의 지름 3~7cm
분포	동아시아
출현 시기	8~10월
특징	연못, 저수지 등 습지에서 생육하는 부엽성 여러해살이풀이다. 잎은 둥근 심장형이며 뒷면에는 공기주머니가 부풀어 있는데, 모양이 자라의 등처럼 생겼다고 하여 '자라풀'이라는 이름이 붙여졌다.

마름과 우포늪 수면을 차지하기 위해 경쟁을 펼치는 또 다른 부엽식물인 자라풀은 목포, 쪽지벌, 사지포 등에 광범위하게 분포하고 있다. 자라풀은 잎 뒷면에 부풀어 있는 공기주머니의 모양이 자라의 등껍질을 연상시켜 이름 붙여졌으며, 이 공기주머니가 잎을 물 위에 뜰 수 있게 한다. 잎은 4~6cm 크기로 둥글고 심장 모양이며, 매끄러운 광택이 있어 형태적으로도 구별이 쉽다. 수변부에서는 식피율 90% 내외로 순군락 형태로 분포하다가 수심이 깊어질수록 생이가래, 개구리밥 등과 혼생하는 양상이 나타난다. 마름과 마찬가지로 영양염류가 풍부한 부영양화된 환경을 선호한다.

한편 우포늪의 가장 고민거리는 연군락의 대규모 번성이다. 2005년 전후로 지역 농민들이 연꽃 재배를 목적으로 사지포에 도입하였던 것이 점차 그 범위가 확장되고 있다. 연의 꽃은 붉은색, 분홍색 등 다양하며 지름이 10~20cm로 꽃잎이 층층이 겹쳐져 풍성하고 우아한 느낌을 주어 관상용으로 심기도 한다. 특히 연근(연의 줄기), 연잎밥 등 식용과 약용으로도 많

연(연꽃) ⓒ 추연수

연(연꽃)
Nelumbo nucifera

분류 체계	Magnoliophyta 피자식물문 > Magnoliopsida 목련강 > Nymphaeales 수련목 > Nelumbonaceae 연과 > *Nelumbo* 연속
크기	잎의 지름 0.3~0.9m
분포	인도, 중국, 일본, 북아메리카, 한국
출현 시기	7~9월
특징	연못이나 수심이 낮은 저수지 등에 식재하는 여러해살이풀이다. 수련과 달리 꽃자루가 물 위로 길게 나오며, 잎에는 미세한 돌기와 표면의 왁스 성분으로 물에 젖지 않는 특징을 갖는다.

이 이용된다. 현재 사지포에서 식피율은 95% 이상, 수고 1.2m로 수면을 거의 덮고 있다고 봐도 무방하며, 물 위를 떠다니며 생육하는 부유식물인 개구리밥과 생이가래가 일부 산재하고 있다. 이처럼 연군락의 지속적인 확장은 수생식물의 생장과 철새들의 서식을 방해하는 등 수생태계의 불균형을 초래할 수 있다. 인근 창원에 위치한 주남저수지에서도 과다 번식으로 인해 연꽃이 골칫거리로 전락하여, 최근 수초제거선을 투입하는 사례까지 생겨났다.

우포늪 호안을 보호하는 습지식생

비교적 수심이 얕고 간헐적으로 침수를 경험하는 수변부에도 다양한 수생식물이 생육한다. 그중에서도 갈대는 생태적 지위가 상당히 넓어 저수지, 하천, 하구 등 다양한 환경에서 서식이 가능하며, 군락을 이루는 모습을 심심찮게 확인할 수 있다. 우포늪에서도 수고 2.5~3m, 식피율 90%의 순군락으로 분포하고 있다. 갈대는 토양과 물속에 있는 영양염류를 조절하며 물질 순환과 수질 정화 등 다양한 기능을 수행한다. 갈대는 생태·형태적으로 달뿌리풀과 유사하여 혼동하기 쉬운데, 가장 큰 차이는 갈대가 땅속으로 길게 뻗는 줄기가 있고 유속이 느린 하천의 하류부를 선호하는 반면, 달뿌리풀은 땅 위로 길게 뻗는 줄기가 있으며 상대적으로 유속이 빠른 중상류를 선호한다는 것이다.

우포늪에서 갈대와 형태적으로 유사한 또 다른 식물은 물억새이다. 물억새는 우포늪의 중고수위인 충적지에서 제방까지 분포하며, 갈대에 비해 상대

갈대 ⓒ 추연수

갈대
Phragmites australis

분류 체계	Magnoliophyta 피자식물문 > Liliopsida 백합강 > Cyperales 사초목 > Poaceae 벼과 > *Phragmites* 갈대속
크기	줄기 높이 1~3m
분포	아시아, 유럽, 아프리카, 아메리카
출현 시기	8~10월
특징	물가에 생육하는 여러해살이풀로 저지대 습지, 하구, 바닷가 등 생육 범위가 다양하다. 강한 번식력으로 주로 군락을 이루며, 땅 위가 아닌 땅속에서 줄기를 길게 뻗는다.

적으로 건조한 입지를 선호한다. 물억새군락의 평균 수고는 1~2m, 식피율은 약 80%로 나타나며 덩굴성 식물인 환삼덩굴, 며느리밑씻개 등이 함께 출현하고 있다. 또한 10~30개의 꽃차례 가지가 손바닥 모양으로 비스듬히 벌어지며, 캘러스털이 소수보다 2~4배 길어 가을철에는 은빛 물결이 장관을 이루기도 한다. 물억새와 유사한 종으로 억새가 있는데, 물억새에 비해 더 건조한 풀밭과 산지 등에 서식하며, 호영(護穎)°에 긴 까락°°이 있어 쉽게 구분된다.

대형 정수식물 중 하나인 줄은 갈대보다 상대적으로 수심이 깊은 곳을 선

° 화본과 식물에서 낟알을 구성하는 요소. 작은 껍질 및 큰 껍질을 받쳐주는 한 쌍의 받침 껍질이다.
°° 벼, 보리 따위의 낟알 껍질에 붙은 깔끄러운 수염을 뜻하는 '까끄라기'의 준말.

물억새 ⓒ 추연수

물억새
Miscanthus sacchariflorus

분류 체계	Magnoliophyta 피자식물문 > Liliopsida 백합강 > Cyperales 사초목 > Poaceae 벼과 > *Miscanthus* 억새속
크기	줄기 높이 1~2.5m
분포	러시아, 일본, 중국, 한국
출현 시기	8~9월
특징	하천 둔치, 저수지 등 습한 풀밭에서 흔하게 발견되는 여러해살이풀이다. 꽃차례는 손바닥 모양으로 비스듬히 벌어져 달리며, 백색의 캘로스털이 길고 풍성하여 멀리서 보면 하얗게 보이는 것이 특징이다.

줄 ⓒ 추연수

줄
Zizania latifolia

분류 체계	Magnoliophyta 피자식물문 > Liliopsida 백합강 > Cyperales 사초목 > Poaceae 벼과 > *Zizania* 줄속
크기	줄기 높이 1~2m
분포	동아시아
출현 시기	7~9월
특징	하천, 연못, 저수지 등에서 흔히 발견되는 여러해살이풀로 대형 정수식물이다. 땅속줄기는 굵고 옆으로 길게 뻗으며, 꽃차례 위쪽이 암꽃, 아래쪽에 수꽃이 달리는 게 특징이다.

호하며, 하천변 정수역 또는 호소성 습지의 연안대에서 쉽게 관찰된다. 우포늪에서도 줄군락은 목포 및 주매제방 인근의 연안대를 둘러싸듯이 발달하고 있으며, 수고 1.5~2m, 식피율 80%로 확인된다. 또한 수면에는 생이가래, 개구리밥 등이 혼생하고 있다. 형태적으로 줄의 화서 위쪽에는 암꽃, 아래쪽에는 수꽃이 달리는 특징을 가지고 있으며, 이와 같은 이형성 꽃 구조는 줄의 독특한 생식 전략을 반영한다. 또한 갈대와 마찬가지로 줄도 질소와 인 등 영양염류 흡수량이 높아 수질 정화에 효과적인 식물로 알려져 있다.

사초과에 속하는 이삭사초 또한 우포늪에서 확인되는 대표적인 습생식물로, 중·고수부위의 휴경작지나 저수지 주변에 주로 분포하는 것으로 알려져 있다. 이삭사초는 쪽지벌과 우포 사이 폐경작지에 넓게 분포하고 있으며, 이곳은 점토 성분이 우세하여 배수가 비교적 불량한 환경이다. 우포늪의 이삭사초군락은 수고 1~1.1m, 피복율 90%로 나타났으며, 괭이사초와 애기메꽃이 일부 혼재하고 있다. 이삭사초는 4~5개의 꽃차례가 곡식의 이삭을 닮은 형태에서 유래된 이름이며, 가장 위쪽에 나는 소수에는 윗부분에 암꽃, 아랫부분에 수꽃이 섞여 달리고, 나머지 소수에는 암꽃만 달리는 형태학적 특징이 있다.

이삭사초
Carex dimorpholepis

분류 체계	Magnoliophyta 피자식물문 > Liliopsida 백합강 > Cyperales 사초목 > Cyperaceae 사초과 > *Carex* 사초속
크기	줄기 높이 0.3~0.7m
분포	한국, 중국, 일본, 러시아, 타이완
출현 시기	5~6월
특징	저지대 하천변이나 습지에서 자라는 여러해살이풀이다. 4~6개의 소수가 모여 줄기 윗부분에 인접해 달리며 아래로 처지는 것이 특징이다. 자연적 천이가 진행된 휴경작지에서 주로 관찰된다.

이삭사초 ⓒ 추연수

습지를 선호하는 나무, 버드나무류

범람과 침수가 반복되는 습지를 주 서식처로 선호하는 나무는 많지 않은데, 버드나무과의 버드나무속에 해당하는 종들은 조금 예외적이다. 우포늪에는 버드나무속 10종이 출현하는 것으로 조사되었으며, 그중에서도 선버들, 왕버들, 갯버들 3종의 분포 면적이 약 0.19km^{2}로 넓게 조사되었다. 선버들은 우포와 쪽지벌, 주매제방 등 과거 경작 후 방치된 곳으로 유량이 증가하거나 침수 시 느린 유속을 경험하는 장소에 발달하고 있다. 선버들군락의 수고는 5~10m, 식피율은 70~80% 정도로 나타나며, 하층에는 이삭사초가 우점하고 애기메꽃, 며느리배꼽, 개밀, 물억새 등과 혼재하고 있다. 다른 버드나무류와 구분되는 형태학적 특징으로는 3~6cm의 수꽃차례에 3개의 수술이 달리며 탁엽(托葉)° 표면에는 사마귀 같은 돌기가 밀생한다. 현재보다 유량이 부족하거나 범람의 빈도가 안정화되면, 왕버들 우점 식생으로의 변화가 예상된다.

○ 잎자루 밑에 붙은 한 쌍의 작은 잎.

선버들 ⓒ 추연수

선버들
Salix triandra subsp. *nipponica*

분류 체계	Magnoliophyta 피자식물문 > Magnoliopsida 목련강 > Salicales 버드나무목 > Salicaceae 버드나무과 > *Salix* 버드나무속
크기	높이 3~10m
분포	유라시아, 중국, 일본, 한국
출현 시기	3~5월
특징	낙엽 활엽 소교목으로 하천 변이나 저수지 등 습지, 오래된 연못, 저수지, 늪 등에서 서식한다. 잎은 어긋나며 좁고 긴 타원형으로 가장자리에 잔 톱니가 있다. 특히 탁엽 표면에는 사마귀 같은 돌기가 밀생하는 것이 특징이다.

○ 버드나무속(*Salix* spp.)에 속하는 종들이 우점하는 숲.

왕버들은 호소성 배후습지뿐만 아니라 하천습지에서도 천이 후기 종으로 알려져 있어, 우포늪 일대의 선버들군락, 버드나무군락 등 연목림(軟木林)○이 형성되는 입지에서도 장기적인 천이 방향은 왕버들군락일 것으로 예상된다. 현재 왕버들은 우포, 목포, 쪽지벌 등 수변부에서 패치 형태로 발달하며, 선버들군락보다는 범람이나 침수 영향을 덜 받는 입지로 확인된다. 군락의 수고 15~20m, 식피율 80~90%로 나타나며, 초본층에는 찔레꽃, 물억새, 갈대 등이 다양하게 나타난다.

우포늪의 갯버들은 습지 유입부인 토평천 수변부를 따라 선형으로 분포하고 있다. 갯버들은 개울가에 자라는 버들이라는 의미로, 선버들군락과 왕버들군락보다 유속이 빠르고 모래하상이 우점하는 입지를 선호한다. 해당 군락은 보통 수고가 2.5~3m에 이르며, 식피율 50% 정도이다. 초본층에는 줄, 털물참새피, 개구리밥, 생이가래 등 다양한 생활형의 수생식물이 혼재하고

왕버들 ⓒ 추연수

왕버들
Salix chaenomeloides

분류 체계	Magnoliophyta 피자식물문 > Magnoliopsida 목련강 > Salicales 버드나무목 > Salicaceae 버드나무과 > *Salix* 버드나무속
크기	높이 20m
분포	중국, 일본, 한국
출현 시기	4월
특징	낙엽 활엽 교목으로 낮은 지대의 습지 및 하천 변에서 생육하나 선버들보다 범람의 영향을 덜 받는 입지를 선호한다. 새로 나온 잎은 붉은빛을 띠며 표면에는 광택이 난다. 탁엽은 귀 모양으로 날카롭고 자잘한 거치가 있다.

있다. 갯버들의 암꽃과 수꽃에는 털이 밀생하는 특징이 있어, 마치 강아지 꼬리처럼 살랑살랑 흔들거리는 모습이 나타나 버들강아지라는 별명이 붙기도 하였다. 형태적 특징으로는 잎 뒷면에 회백색 털이 밀생하고, 탁엽은 난형으로 가장자리에 톱니가 있다.

갯버들
Salix gracilistyla

분류 체계	Magnoliophyta 피자식물문 > Magnoliopsida 목련강 > Salicales 버드나무목 > Salicaceae 버드나무과 > *Salix* 버드나무속
크기	높이 1~3m
분포	러시아, 중국, 일본, 한국
출현 시기	3~4월
특징	낙엽 활엽 관목으로 하천, 숲 가장자리에서 흔하게 발견된다. 잎은 어긋나며 3~12cm의 좁은 타원형이며 뒷면에 회백색 털이 밀생하여 다른 종과 쉽게 구별된다. 탁엽은 난형이며 가장자리에 톱니가 있다.

갯버들 ⓒ 추연수

우포늪의 생태계교란 생물

우포늪은 생태적으로 보전 가치가 높아 습지보호지역으로 지정·관리되고 있음에도 불구하고 생태계교란 생물 중 식물에 해당하는 가시박, 가시상추, 단풍잎돼지풀, 돼지풀, 미국쑥부쟁이, 털물참새피, 환삼덩굴 7종이 분포하여 생태계의 건전성을 위협받고 있다. 우포늪 주변에는 경작지와 주거지가 위치하여 인위적 간섭과 건조한 환경이 일부 발생해 다수의 생태계교란 생물이 침입하게 된 것으로 파악된다.

이 중 하나인 가시박은 북아메리카 원산의 귀화식물로 1989년 경북 안동에서 처음 발견되었으며, 오이 등의 재배용 대목으로 이용하기 위해 들여온 것으로 알려져 있다. 가시박은 하천 변에서 관목층을 뒤덮어 생육을 방해하거나 옥수수, 호박 등 작물에 엉겨 붙어 수확률을 떨어트리는 피해를 발생시켜 환경부에서 2009년 생태계교란 생물로 지정하여 관리하고 있다. 우포늪에서도 2011년 정밀조사에서는 확인되지 않았다가 2016년 처음 확인된 이후 지금까지 꾸준히 출현하고 있다. 가시박 잎은 5~7갈래로 갈라진 손바닥 모양이며, 빽빽한 가시가 달린 별사탕 모양의 열매가 달려 쉽게 구분이 가능하다. 가시박의 종자는 동물의 털에 붙거나 물의 흐름을 통해 확산될 수 있어서, 낙동강 수계를 타고 내려오다가 토평천으로 역류하여 유입되

가시박 ⓒ 추연수

가시박
Sicyos angulatus

분류 체계	Magnoliophyta 피자식물문 > Magnoliopsida 목련강 > Violales 제비꽃목 > Cucurbitaceae 박과 > *Sicyos* 가시박속
크기	줄기 길이 4~8m
분포	북아메리카, 유럽, 호주, 일본, 한국
출현 시기	6~9월
특징	북아메리카 원산의 귀화식물로 하천 변, 농경지 등에서 다른 식물을 감으며, 수 미터까지 자란다. 8~20cm의 잎은 얕게 갈라진 손바닥 모양이며, 열매는 6~9월에 익으며 흰색의 긴 가시로 덮여 있다. 토착식물을 덮어 생육을 억제하며 농업에도 피해를 주어 생태계교란 생물로 지정되어 있다.

었을 가능성이 높다. 국립생태원 습지센터는 우포늪 일대 가시박 제거 활동을 수행하기도 했는데, 우포늪 하류 토평천 일대를 피복하고 있는 가시박을 단순 반복적인 제거 작업으로 뿌리뽑기에는 역부족이었다.

털물참새피는 2016년 정밀조사를 통해 우포늪과 토평천 일대에 생육하는 것이 보고되었으나, 이전부터 주변의 농수로와 저수지를 중심으로 확인되어 우포늪에도 일찍이 침입하였을 가능성이 높다. 1994년 목포와 전주에서 처음 채집된 것으로 보고되었으며, 정확한 도입 배경은 알려지지 않았으나 부영양화된 저수지 정화를 위한 소재로 활용되었을 수도 있다. 털물참새피는 수면 위를 기는 줄기가 빽빽하게 얽혀 식생 매트를 형성함에 따라 다른 수생식물의 유입과 성장을 방해하므로 2002년에 생태계위해우려 생물로 지정 고시되었다. 형태적으로는 꽃차례 가지 2~3개가 옆으로 벌어져 달리며 잎집에 긴 털이 밀생하여, 유사 종인 물참새피보다 잎집에 털이 상대적으로 적게 나 있는 것으로 구분할 수 있다.

털물참새피 ⓒ 추연수

털물참새피
Paspalum distichum var. *indutum*

분류 체계	Magnoliophyta 피자식물문 > Liliopsida 백합강 > Cyperales 사초목 > Poaceae 벼과 > *Paspalum* 참새피속
크기	줄기 높이 0.2~0.5m
분포	아메리카, 열대아시아, 한국
출현 시기	6~9월
특징	북아메리카 원산의 귀화식물로 저수지, 하천 변 등 습지 가장자리에 주로 생육한다. 물참새피와 비교하면 잎집에 긴 털이 밀생하며, 수면을 완전히 덮어 산소와 빛을 차단하는 등 식생 환경을 교란하여 생태계 교란 생물로 지정되어 있다.

우포늪의 생태적 건전성과 안정성을 향상시키기 위해서는 생태계교란 생물에 대한 체계적인 방제가 필요하다. 그러기 위해서는 앞서 설명한 가시박과 털물참새피를 포함하여 총 7종의 생태계교란 생물에 대한 우포늪 내 정확한 서식 현황을 파악하는 것이 우선이다. 생태계교란 생물에 대한 분포 면적 및 서식 밀도를 조사하고, 이를 바탕으로 각 종의 개화 및 결실기 등 생태적 특성에 따라 시기를 달리하여 물리적 제거를 진행해야 할 것이다.

수생식물에게 중요한 우포늪의 수심

수생태계에서 유속과 수심은 수생식물의 생육을 결정하는 중요한 환경 요인이다. 유속이 빠른 환경에서는 식물의 뿌리를 토양 속에 정착하기가 어렵고 물리적 손상을 입을 가능성도 있다. 또한 수심이 깊은 환경에서는 광투과율이 낮아져 광합성 효율이 감소하여 식물의 생장과 생존에 불리할 수 있다. 이러한 특성은 우포늪의 수리·수문 체계에도 적용될 것이다. 우포늪의 경우, 토평천이 위치한 유출부와 유입부를 제외하면 유속은 거의 정체되어 있기에 수심이 수생식물의 생육에 영향을 미치는 주요 요인으로 작용한다.

우포늪의 수심은 어류, 무척추동물의 서식 공간을 결정짓는 중요한 요소이기도 하여, 이에 대한 기초환경 정보를 수집하는 것은 필수적이다. 이에 국립생태원 습지센터는 2022년 10월~11월에 2인 1조로 카약 2대를 이용하여 우포늪을 횡단하면서 막대자로 수심을 측정하였다. 조사 범위는 카약으로 접근할 수 있는 일정 수심이 유지되는 우포와 토평천 하류부로 제한하였다. 이를 통해 총 1,359개의 수심 정보를 수집하였으며, 이 중 우포에서는 1,124개, 토평천에서는 235개 데이터를 획득하였다. 우포의 평균, 최대, 최소 수심은 각각 43cm, 180cm, 6cm로 확인되었으며, 토평천에서는 119cm, 205cm, 39cm로 나타났다. 이러한 결과는 기존 수심 측정 사례와 비교해 볼 때 우포의 수심이 상대적으로 낮다는 것을 보여준다. 예를 들어 목포에서는 2014년 7월 평균 수심이 77cm, 산밖벌에서는 2020년 9월 평균 수심이 101cm로 측정된 바 있으며, 일반적으로 알려진 우포늪 본늪의 수심은 70~100cm이다. 정확한 분석을 위해 창녕과 인접한 합천 기상관측소에서

2014년부터 2023년까지 10년 동안 평균 강수량을 확인한 결과, 10월 평균 강수량은 101mm였으나 수심을 측정한 2022년에는 강수량이 19mm로 5분의 1 수준에도 미치지 못했다. 이러한 기상 조건이 수심에 큰 영향을 미쳤음을 시사하며, 2022년의 낮은 강수량이 우포늪의 수심을 이례적으로 낮춘 주요 원인으로 작용하였을 것이다.

또 다른 가능성으로 우포늪의 퇴적물이 낙동강으로 흘러가지 못하고 계속 쌓여서 나타난 결과일 수도 있다. 조사 과정에서 수심이 낮은 지점에서는 카누에서 내려 수심을 측정하였으며, 발이 푹푹 빠지는 퇴적물 환경을 경험하였다. 이는 앞서 언급하였던 가시연의 종자가 너무 깊게 묻혀 소수 개체만 발아하는 환경을 나타낼 수 있다. 우포늪의 식생을 포함한 생물다양성의 변화를 심도 있게 파악하기 위해서는 수심, 퇴적물 깊이 등 무기 환경 자료의 지속적인 축적이 필요하며, 이러한 데이터는 우포늪의 생태계 관리 및 보전 전략 수립에 중요한 기초자료로 활용될 것이다.

글. 추연수

식물생태학을 전공하였으며, 하천 홍수터에서 식생과 환경요인 간의 관계, 도로 공사장에서 외래식물의 유입 및 확산 특성에 대한 연구 등을 수행하였다. 현재는 내륙습지에 대한 생태계 현황을 파악하고, 생태적으로 우수한 습지를 대상으로 습지보호지역 지정을 추진하고 있다. 또 내륙습지의 기능 및 가치 증진을 위한 탄소흡수 연구, 유형 분류 체계 및 평가 제도 개선 등의 연구도 수행하고 있다.

큰기러기 ⓒ 최순규

class. 02

우포늪의
조류

물은 모든 생명의 근원이 되는 물질이기에, 습지는 육지와 물의 생명을
이어주는 생태적 중간 단계로 생물다양성이 높은 생태계다.

건강한 습지는 새들에게도 소중한 공간인데,
우포늪은 다양한 생명이 숨 쉬고 있어 새들에게 매우 중요한 서식지이다.
봄과 가을에는 번식지와 월동지로 이동하는 새들에게 소중한 쉼터이고,
여름에는 새끼를 키우기 위해 먼 길을 날아온 새들의 보금자리가 된다.

또 겨울에는 수많은 철새가 찾아와 추운 겨울을 따스하게 지낼
공간이 되어 준다. 특히 우포늪은 우리나라에서 멸종되었던
따오기가 돌아와 새끼를 키우며 살아가는 새 보금자리가 되고 있다.

따오기 ⓒ 창녕군

우포늪으로 돌아온 따오기

"보일 듯이 보일 듯이 보이지 않는 따옥 따옥 따옥 소리 처량한 소리~"라는 노래 속의 주인공. 따오기는 과거 우리나라 전역의 논과 하천에서 쉽게 만날 수 있는 겨울 철새였으나 1979년 1월 비무장지대에서 마지막으로 발견된 후 더 이상 우리나라에서 야생 따오기를 볼 수 없었다. 세계적으로도 개체수가 감소하여 야생 따오기는 중국에서만 발견되었고 일본에서 복원사업을 진행해 어느 정도 성과를 얻었다.

따오기
Nipponia nippon

분류체계	Chordata 척삭동물문 > Aves 조강 > Ciconiiformes 황새목 > Threskiornithidae 저어새과 > *Nipponia* 따오기속
크기	75~78cm
분포	중국, 한국, 일본
특징	얼굴과 다리는 붉은색이고 부리는 아래로 휘어져 있으며 몸은 흰색이다. 번식기가 되면 머리와 등, 날개덮깃에 부리 주변에 나오는 분비물을 발라 검은 회색으로 변한다.

우리나라도 따오기 복원을 위해 2008년 중국으로부터 두 마리를 기증받아 서식 환경이 우수한 우포늪에서 키우게 되었다. 조금씩 개체수를 늘려가던 우포늪의 따오기들은 2019년 처음으로 야생에 방사된 후 올해까지 총 아홉 차례 방사되었다. 방사 2년 만인 2021년에는 야생에서 번식에 성공하였고, 지금은 번식하는 쌍이 점차 늘고 있다.

따오기들은 주로 사람이 사는 마을 뒷산에 둥지를 틀고 사람들과 공존하며 새 생명을 키우고 있다. 따오기를 복원한다는 것은 단순히 개체수가 늘고 야생에서 살아가는 것 이상의 의미를 갖는다. 따오기는 생물다양성이 높고 건강한 습지에 서식하는 중요한 구성원이다. 따오기 복원은 우포늪의 생물다양성을 증가시키고 생태계 균형을 유지하는 데 기여하기 때문에, 따오기가 성공적으로 복원된다는 것은 우포늪의 생태계가 건강하게 잘 관리되고 있다는 것을 의미한다. 더불어 따오기 복원 과정은 훌륭한 환경 교육 자료가 된다. 학생과 일반인들은 따오기 복원 과정을 통해 생태계 보전과 관리의 중요성에 대해 구체적으로 배울 수 있고, 환경 보전의 중요성을 널리 알려 지역 사회와 공공의 환경 보전 인식 향상에도 기여한다.

육아 고수 아빠, 물꿩
꿩처럼 긴 꼬리를 가지고 있으며 물에서 산다고 하여 이름 붙은 물꿩은 주로 아열대 지역에 서식하고 우리나라에서는 보기 힘든 여름 철새다. 우포늪은 제주도, 주남저수지, 천수만 등을 포함해 물꿩이 번식하는 몇 안 되는 번식지이다. 다리 길이만큼 긴 발가락은 우포늪에 지천인 가시연꽃과 같은 물풀 위를 걸어 다니기에 알맞다. 여름이 시작되는 5~6월이 되면 동남아시아에서 겨울을 보낸 물꿩이 우포늪을 찾는다.

더운 여름 우포늪의 가시연꽃이 꽃을 피울 즈음 물꿩은 새끼를 키우기 위해 몹시 바빠진다. 그런데 다른 새들과 달리 물꿩은 암컷이 더 바쁘다. 암컷 물꿩은 멋진 깃털로 치장하고 여기저기 다니며 여러 수컷들과 짝짓기 하는 일처다부의 새이기 때문이다. 암컷은 여러 수컷의 둥지에 알을 낳는다. 둥

물꿩
Hydrophasianus chirurgus

분류 체계	Chordata 척삭동물문 > Aves 조강 > Charadriiformes 도요목 > Jacanidae 물꿩과 > *Hydrophasianus* 물꿩속
크기	39~58cm로 수컷보다 암컷이 더 크다.
분포	중국, 일본
출현 시기	여름 철새
특징	꼬리깃이 번식기에는 길게 발달하고 비번식기에는 짧다. 발가락이 길고 날개는 흰색이며, 첫째 날개깃은 검은색이다. 뒷목은 노란색이다.

물꿩 ⓒ 최순규

지는 물 위에 만들고 어떤 둥지는 물에 떠서 가까운 거리를 이동할 수도 있다. 알은 보통 4개를 낳는데 수컷 혼자 둥지를 지키고 새끼를 키운다. 먹이는 우포늪에 많은 곤충, 연체동물, 그리고 떠다니는 식물이나 물 표면에서 채취한 기타 무척추동물이다.

새끼 물꿩은 부화하자마자 긴 발가락으로 부모처럼 물풀 위를 걸어 다니며 먹이를 찾는다. 부화한 새끼들은 따로 둥지가 없기 때문에 그대로 천적에 노출되는데, 육아 고수인 아빠는 이럴 때 새끼들을 불러 모아 날개 사이에 끼워 다리만 보이게 함으로써 새끼를 보호한다. 이 모습은 마치 다리가 여러 개인 외계 생명체가 다니는 것처럼 보인다. 우포늪에서는 2007년 처음으로 물꿩이 번식했다.

엄마는 연기 천재, 꼬마물떼새

우리나라에는 총 12종의 물떼새과(Family Charadriidae)에 속하는 새가 기록되어 있는데, 이 중 번식을 하는 물떼새는 꼬마물떼새, 흰물떼새, 흰목물떼새 3종이고 대부분 나그네새와 겨울 철새들이다. 부리의 감각으로 먹이를 찾는 도요새들과 달리 물떼새는 주로 시력에 의존하여 먹이를 찾기 때문에 큰 눈을 갖고 있다. 물떼새는 한참을 서서 기다리다가 주변에 먹이가 보이면 빠르게 달려가 먹이를 먹고, 또 주변을 살핀 뒤 빠르게 달려가 먹이를 잡는 독특한 행동을 보인다. 우포늪에서는 노란색 안경을 쓴 것 같은 꼬마물떼새의 서식이 확인되었다.

새들이 알을 낳고 새끼를 키우기 위해서는 천적에게 잘 보이지 않는 튼튼한 둥지가 필요하지만, 물떼새들은 자갈이나 모래 위에 대충 둥지를 만들고 알을 낳는다. 사람이 보기에는 성의 없어 보이지만 이것은 어미 새의 큰 배려다. 자갈과 모래가 있는 곳에 번식하는 물떼새가 만약 다른 새들처럼 거창한 둥지를 만들었다면 오히려 천적의 눈에 잘 띄었을 것이다. 그러나 물떼새는 주변 환경과 비슷한 둥지를 만들고 알의 무늬와 색깔도 주변과 비슷하게 낳음으로써 알을 보호한다.

꼬마물떼새
Charadrius dubius

분류 체계	Chordata 척삭동물문 > Aves 조강 > Charadriiformes 도요목 > Charadriidae 물떼새과 > *Charadrius* 물떼새속
크기	약 16cm
분포	번식 - 북반구의 온대, 아한대, 열대와 뉴기니 월동 - 아프리카, 인도, 동남아시아
출현 시기	여름 철새
특징	굵은 노란색의 눈테가 선명하고 검은색 부리는 짧고 아랫부리 기부에 주황색이 있다. 다리는 오렌지색이며 머리 위, 눈앞, 귀깃, 가슴에 검은 무늬가 있다. 수컷은 눈앞과 귀깃이 검은색인데 암컷은 흑갈색이다. 비번식기에는 머리와 가슴에 있는 검은색 띠가 보이지 않는다.

꼬마물떼새 ⓒ 최순규

또 어미 물떼새들은 알이나 새끼 주변에 천적이 나타나면 근처로 날아와 큰 소리를 내며 날개가 다쳐 날지 못하는 것 같은 연기를 하는데, 이 때 천적의 시선은 어미 새에게 쏠리고 어미를 사냥감으로 정하게 된다. 그러나 천적을 알이나 새끼로부터 멀리 유인한 어미 새는 어느 정도 거리가 벌어졌다 싶으면 유유히 날아가 버리니, 정말 조류 세계의 연기 천재가 아닐 수 없다.

물로 총을 쏘지 않는 물총새

새싹이 돋고 날이 따스해지는 봄이 되면 우포늪의 수면을 빠르게 날아가는 녹색빛의 작은 주황색 부리 새를 만날 수 있다. 빠른 날갯짓을 하면서 높고 날카로운 소리를 내는 주인공은 바로 물총새이다. 우리가 흔히 아는 '물총고기'는 물을 입에 머금고 있다가 물밖에 곤충이 보이면 물을 쏘아 먹이를 사냥해서 붙여진 이름이다. 그렇다면 물총새도 물을 쏘아 먹이를 사냥할까? 아니다. 물총새는 높은 나뭇가지나 바위 위에 앉아 물속을 주시하다가 물고기를 발견하면 총알처럼 빠르게 뛰어들어 커다란 부리로 물고기를 사냥하는데, 그 속도가 시속 90km에 육박한다.

물총새 ⓒ 최순규

물총새
Alcedo atthis

분류 체계	Chordata 척삭동물문 > Aves 조강 > Coraciiformes 파랑새목 > Alcedinidae 물총새과 > *Alcedo* 물총새속
크기	약 16~20cm
분포	한국, 중국 북서부 산지를 제외한 유라시아, 아프리카 북부, 일본
출현 시기	여름 철새, 일부 텃새
특징	몸에 비해 머리와 부리가 크고 분홍색 다리는 매우 짧다. 몸 윗면은 광택이 있는 청녹색이고 멱은 흰색이다. 몸 아랫면과 귀깃은 주황색이다. 수컷은 부리가 전체적으로 검은색이다. 암컷은 아랫부리가 주황색이다.

물총새가 매우 빠른 속도로 다이빙하는 것도 신기하지만 물속에 있는 물체를 물 밖에서 보면 빛의 굴절로 실제 위치와 다르게 보이는데, 물총새는 물속의 작은 움직임도 정확하게 포착하는 뛰어난 시력을 갖고 있다. 또 물총새의 눈은 물과 공기 중의 굴절 차이를 보정해 왜곡되어 보이는 물고기의 위치까지 정확하게 계산해 낸다.

물총새는 사냥한 물고기를 바로 삼키지 않고 기절시키거나 죽이기 위해 나무나 바위에 때리는 행동을 하는데, 이는 살아 있는 물고기가 저항하여 도망치는 것을 방지함과 동시에 이 과정에서 물고기의 살이 연해져 소화에 도움을 주기 때문이다. 물총새의 이러한 행동은 그들의 지능과 생존 기술을 보여주는 대표적인 사례다.

여름 우포늪의 가수, 개개비

늪 전체가 초록으로 뒤덮이고 연꽃이 고개를 들어 올릴 때면 우포늪에서 가장 돋보이는 새가 바로 개개비이다. 개개비는 번식을 위해 우포늪을 찾는 여름 철새로 5~7월에 가장 활발히 활동하며 자신의 영역을 지키고 암컷을

개개비
Acrocephalus orientalis

분류 체계	Chordata 척삭동물문 > Aves 조강 > Passeriformes 참새목 > Sylviidae 휘파람새과 > *Acrocephalus* 개개비속
크기	약 18~20cm
분포	한국, 러시아 연해주, 중국 동남부, 일본, 동남아시아
출현 시기	여름 철새
특징	몸의 윗면은 갈색, 배는 흰색, 옆구리는 연한 갈색이다. 가슴에는 매우 가는 검은색 줄무늬가 보이는 경우도 있다. 황백색 가는 눈썹선이 있으며, 눈앞은 검은색이다. 윗부리는 어두운 갈색이고 아랫부리는 연한 노란색, 다리는 암청색이다.

개개비 ⓒ 최순규

유인하기 위해 시끄러운 노래를 부른다. 수컷들은 갈대와 연꽃 위를 날아다니며 싸움을 벌이기도 한다. 노래 부르는 수컷의 입속은 붉게 빛나지만 개개비의 깃털은 갈색이나 올리브색을 띠어 갈대나 풀밭 사이에 있으면 잘 보이지 않는다. 이는 포식자로부터 자신을 보호하는 방편이 되기에 이를 믿고 크고 우렁차게 노래할 수 있다.

둥지는 주로 갈대나 수생식물 사이에 지음으로써 식물의 줄기 사이에 고정되어 바람에 흔들리지 않는다. 먹이는 갈대밭이나 풀밭을 돌아다니는 곤충, 거미, 작은 무척추동물 등이고, 번식기에는 특히 새끼들에게 많은 곤충을 먹이기 위해 활발히 사냥한다. 새끼가 어느 정도 자라면 어미를 따라 다니며 먹이를 먹고 가을이 되면 동남아시아로 이동한다. 이처럼 개개비는 다양한 생태적 특성을 지닌 습지 생태계의 대표 조류로, 곤충의 개체수 조절과 생태계 건강 지표, 먹이 사슬 유지 등의 방식으로 습지 생태계에 중요한 역할을 한다. 그들의 생태 습성은 습지 환경과 밀접하게 연결되어 있으며, 습지 환경 변화에 민감하게 반응한다.

엄청난 시력을 소유한 황조롱이

일부 몇몇 종을 제외한 새들은 대부분 시각에 의존하여 정보를 얻는다. 그렇기 때문에 새들의 시력은 인간의 약 20배 정도로 뛰어나며, 사람이 볼 수 없는 파장의 색깔 영역까지 볼 수 있다. 우포늪 주변의 논밭이나 덤불에서는 정지 비행을 하는 황조롱이를 어렵지 않게 만날 수 있는데, 황조롱이는 우리나라에서 번식하는 소형 맹금류로 적응력이 뛰어나 도심에서도 번식을 한다. 주로 작은 쥐나 소형 조류를 먹으며, 독특한 사냥 방식을 갖고 있다.

황조롱이는 먹이를 찾기 위해 나무, 기둥, 전선 등 높은 곳에 앉아 주변을 관찰하거나 느린 비행 속도로 먹이가 있을 만한 곳을 날아다닌다. 그러다가 흔적이 보이면 공중에서 정지한 상태로 날개를 빠르게 퍼덕이며 지상을 관찰해 먹이를 찾는다. 이때 황조롱이의 뛰어난 기술이 발휘되는데, 황조롱이는 망막에 특수한 수용체 세포가 있어 인간이 볼 수 없는 자외선 영역(UV-

A, 320~400nm)을 볼 수 있다. 이러한 자외선 시력은 먹이를 찾는 데 매우 유용하다.

황조롱이의 먹이인 들쥐는 영역 표시를 위해 자주 소변을 남기는데, 여기에는 자외선에 반응하는 물질이 포함되어 있다. 황조롱이는 자외선을 감지하여 들쥐의 흔적을 따라가 먹이를 찾거나, 신선한 소변일수록 자외선 양이 많으니 주변에서 정지 비행을 하며 기다렸다가 들쥐가 움직이면 빠르게 급강하해 먹이를 덮치고 날카로운 발톱을 사용해 포획한다. 황조롱이의 자외선 시력과 독특한 사냥 방식은 그들의 생태적 적응 능력을 보여주는 중요한 요소다. 그리고 우포늪은 생물다양성이 높은 습지로 먹이 사슬의 상위에 있는 황조롱이가 살아가기에 알맞은 환경이다.

황조롱이 ⓒ 최순규

황조롱이
Falco tinnunculus

분류 체계	Chordata 척삭동물문 > Aves 조강 > Falconiformes 매목 > Falconidae 매과 > *Falco* 매속
크기	수컷 33cm, 암컷 36cm 정도
분포	한국, 일본, 중국, 티베트, 버마 등
출현 시기	텃새
특징	은색 뺨선이 뚜렷하고 꼬리 끝에 검은색 띠가 있다. 몸은 적갈색 바탕에 검은색 무늬가 있고 가슴과 배는 밝은 갈색에 검은색 무늬가 있다. 수컷의 머리와 꼬리는 청회색이며, 암컷과 어린 새는 머리와 몸이 균일한 적갈색에 검은색 무늬가 있다.

부모보다 화려한 깃털을 가진 물닭

우포늪에서 새끼를 키우는 새들은 수생식물에 잘 적응한 종이 많은데, 그 중 대표적인 새가 쇠물닭과 물닭이다. 이들은 커다란 발을 가지고 있고 특히 물닭은 발가락에 나뭇잎처럼 넓게 피부가 돋아나 물갈퀴 역할을 해서 물에서 헤엄치고 잠수도 할 수 있다. 대부분의 수컷 새는 암컷을 유혹하기 위해 화려한 깃털을 가진다. 그런데 물닭은 특이하게도 어미 새는 수수한 검은색이지만 새끼의 깃털은 매우 화려하다. 갓 태어난 새끼는 붉은색과 노

물닭 ⓒ 최순규

물닭
Fulica atra

분류 체계	Chordata 척삭동물문 > Aves 조강 > Gruiformes 두루미목 > Rallidae 뜸부기과 > *Fulica* 물닭속
크기	36~40cm 정도
분포	한국, 유라시아 대륙, 인도, 호주
출현 시기	겨울 철새, 텃새
특징	몸 전체가 검은색이고 부리와 이마판은 흰색이다. 다리는 '판족'이라고 하는 납작한 구조로 되어 있어 헤엄이나 잠수를 잘한다. 어린 새는 회갈색 몸에 얼굴과 가슴은 흰색이다.

란색이 섞인 화려한 깃털과 부리 색을 가진다. 보통 날 수 없고 힘이 없는 새끼는 천적에게 노출되지 않기 위해 어둡거나 주변과 비슷한 색깔의 깃털을 갖고 태어나는데, 물닭은 왜 이렇게 화려한 깃털을 가지고 태어나는 것일까?

암컷 물닭은 자기 둥지에 알을 낳기 전 기회가 있으면 다른 물닭의 둥지에 알을 낳는 습성이 있다. 그래서 둥지에서 태어난 새끼의 40%는 다른 어미의 알로 발견된다. 그리고 물닭은 평균 6일에 걸쳐 알을 낳기 때문에 부화하는 새끼들은 덩치에서 차이를 보이고 늦게 부화한 새끼일수록 생존율이 낮아지게 된다.

물닭은 새끼들이 부화하고 10일이 지나면 새끼들의 성장 속도 균형을 맞추기 위해 먹이를 주는 습성이 바뀌는데, 먹이를 먹겠다고 먼저 다가온 새끼가 아니라 더 선명한 붉은 깃털을 지닌 새끼에게 먹이의 80%를 몰아 준다. 즉 가장 나중에 태어나서 몸집은 작아도 화려한 새끼가 돌봄을 독차지하는 것이다. 이러면 나중에 태어나 힘없는 새끼도 생존할 확률이 높아진다.

새끼 물닭의 생존에는 기본적으로 깃털 색의 화려함도 있지만 번식하는 습지 생태계의 건강성이 우선되어야 한다. 물닭의 서식지, 번식, 먹이 습성 등은 이들의 생태적 성공을 뒷받침하며, 물닭이 다양한 습지 환경에서 번성할 수 있도록 한다.

가족을 구성해 이동하는 큰고니

흔히 백조로 알고 있는 새를 일컫는 순우리말이 '고니'이다. 우리나라에는 큰고니, 고니, 흑고니 등이 겨울 철새로 찾아오고 우포늪에는 주로 고니와 큰고니가 보인다. 고니들의 새끼는 태어나면 회색을 띠고 어른이 되면 흰색으로 변한다. 새끼일 때 못생긴 회색 깃털을 가진 생태적 습성이 나타나는 동화가 『미운 오리 새끼』이다.

큰고니 ⓒ 최순규

큰고니
Cygnus cygnus

분류 체계	Chordata 척삭동물문 > Aves 조강 > Anseriformes 기러기목 > Anatidae 오리과 > *Cygnus* 고니속
크기	140~165cm 정도
분포	한국, 일본, 아이슬란드에서 시베리아에 걸친 툰드라 지대, 지중해, 인도 북부
출현 시기	겨울 철새
특징	멸종위기 야생생물 II급이다. 부리는 노란색과 검은색이 혼합되어 있으며, 노란색 부분이 주둥이의 기부에서 끝까지 이어진다. 부리의 노란색과 검은색의 패턴은 개체마다 다르다. "후후후" 또는 "훈훈"하는 소리를 내고 이 소리는 긴 여행 동안 무리를 유지하는 데 사용된다. 영어 이름인 Whooper Swan은 이 독특한 울음소리에서 유래되었다.

고니들은 주로 수중식물, 풀, 뿌리, 씨앗 등 식물성 먹이를 먹으며 때로는 작은 무척추동물도 먹는다. 가족 단위로 무리를 이루어 생활하며, 겨울철에는 수천 마리가 모여 큰 무리를 이루기도 한다. 가족은 부모 새가 알을 품고 새끼를 돌보며 장거리 이동을 하는 과정에서 견고한 연대가 형성된다. 큰고니는 한 번 맺은 짝과 평생 함께하고 가족을 구성해 이동한다. 어린 새들은 모든 것을 부모에게 배우며 특히 번식지와 월동지를 오가는 장거리 여행 경로를 익히는 게 중요하다. 무리 내에서도 리더십이나 행동의 계층 구조가 형성될 수 있으며, 때로는 암컷과 수컷의 역할 분담이 있을 수 있다.

이동할 때는 큰 무리를 이루며 사회적 계층 구조가 존재한다. 대가족이며 공격적인 수컷이 있는 가족이 가장 우위를 점하고, 새끼가 있는 짝이 그다음, 그리고 짝이 없는 개체가 맨 아래에 있게 된다. 부리의 노란색은 개체마다 조금씩 달라 개체를 식별할 수 있다. 우포늪은 매년 수십, 수백 마리의 큰고니가 찾아와 월동한다. 우포늪의 생태적 건강은 큰고니의 월동은 물론 번식지로의 이동, 나아가 번식 성공에 큰 역할을 하고 있다.

큰고니 무리 ⓒ 최순규

파랑새 ⓒ 최순규

파랑새	
Eurystomus orientalis	
분류 체계	Chordata 척삭동물문 > Aves 조강 > Coraciiformes 파랑새목 > Coraciidae 파랑새과 > *Eurystomus* 파랑새속
크기	27~32cm 정도
분포	한국, 동남아시아, 러시아 동부, 일본, 중국, 오스트레일리아
출현 시기	여름 철새
특징	몸은 녹색이 있는 진한 청색이고 머리와 날개깃 꼬리는 흑청색이지만 멀리서는 검게 보인다. 날 때 첫째 날개깃에 큰 흰색 반점이 명확하다. 부리와 다리는 붉은색이다.

돈을 가지고 다니는 새, 파랑새

어린 시절 읽은 벨기에 동화 『파랑새』는 틸틸과 미틸이 요술쟁이 할머니의 아픈 딸을 위해 여러 나라를 방문하며 파랑새를 찾는 내용을 담고 있다. 동화에서 파랑새는 행복을 상징하고 행복은 늘 가까이에 있다는 교훈을 준다. 우리나라에도 파랑새가 있다. 하지만 동화에 나오는 파랑새는 우리나라 파랑새와는 전혀 다른 새이며, 북아메리카에서 행운의 상징으로 여겨지는 *Sialia*속의 지빠귀류 새이다. 이 새가 영어로 'Blue bird'이기 때문에 이게 직역되면서 파랑새가 되어 버린 것이다.

우리나라에 찾아오는 파랑새는 영어로 'Dollar Bird'라고 한다. 파랑새는 전체적으로 어두운 청록색이고 날개를 펼쳤을 때 아랫면에 흰색의 큰 반점이 보인다. 이 흰색 반점이 둥글고 밝은색을 띠어 달러 동전처럼 보이기 때문에 'Dollar Bird'라는 이름이 붙여졌다. 파랑새는 우포늪이 초록으로 물들어 가는 여름에 찾아와 아주 괴팍하고 요란한 소리를 내며 날아다닌다. 이름과 달리 까치 둥지를 빼앗아 알을 낳고 번식하기도 한다.

호랑지빠귀 ⓒ 최순규

호랑지빠귀
Zoothera aurea

분류 체계	Chordata 척삭동물문 > Aves 조강 > Passeriformes 참새목 > Turdidae 지빠귀과 > *Zoothera* 호랑지빠귀속
크기	28~30cm 정도
분포	번식 - 한국, 일본, 중국(동북부), 우수리, 시베리아(남부)
	월동 - 겨울에는 중국 남부, 대만, 필리핀, 동남아시아 등
출현 시기	여름 철새, 텃새
특징	몸 윗면은 황갈색이고 아래는 흰색이며 전체적으로 검은색 초승달 무늬가 있다. 꼬리깃은 14장이다. 어린새는 몸 윗면이 노란 기운이 강하다.

여름밤 귀신 소리를 내는 호랑지빠귀

우포늪은 다양한 수생 식물과 버드나무들이 숨 쉬고 있어 여름밤도 비교적 시원하다. 여름밤 더위를 피해 우포늪을 산책하다 보면 "휘~이, 휘~이"하는 귀신 소리가 들려 등골이 오싹해지곤 한다. 이 소리의 주인공은 호랑지빠귀로, 이름에서 알 수 있듯 몸 전체에 호랑이처럼 검은색 얼룩무늬가 있다. 호랑지빠귀는 주로 지렁이를 먹고 사는데, 습도가 높고 강한 햇빛이 없는 여름밤에 지렁이가 왕성하게 활동하기 때문에 주로 밤에 활동하며 소리를 내는 것이다.

이렇게 지빠귀류의 새들은 주로 어두운 숲속 낙엽이 많은 곳에서 무척추동물을 먹이로 삼는다. 따라서 숲속에서 요란하게 낙엽 들추는 소리가 난다면 지빠귀일 확률이 높다. 지빠귀는 어두운 곳에서 먹이 활동을 하다 보니 뛰어난 시력이 필요했고, 그래서 다른 참새목 새들에 비해 커다란 눈을 갖고 있다. 우포늪에서는 호랑지빠귀를 비롯해 되지빠귀, 흰배지빠귀, 노랑지빠귀, 개똥지빠귀 등 다양한 지빠귀류를 볼 수 있다.

글. 최순규

조류 행동 생태학으로 박사학위를 받았으며, 우리나라 멸종위기 동물의 서식 실태와 서식지 특성 그리고 개발 행위에 따른 야생동물 보전과 관리 방안을 연구 중이다. 또 독도에서 관찰되는 이동성 조류, 독도가 가지는 조류 생태학적 의미도 모니터링하고 있다. 저서로 『우리동네 새 사전』, 『화살표 새 도감』, 『우리나라 탐조지 100』 등이 있고 감수한 책으로 『새들의 밥상』, 『버드걸』 등이 있다.

생명의 습지, 우포늪   우포늪의 곤충

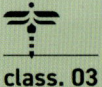

class. 03

우포늪의 곤충

황오색나비

우포늪에서 진행된 조사(제1~3차 습지보호지역 정밀조사)에 따르면
우포늪에는 10목 260종의 곤충이 서식하고 있다.

그중 가장 많은 종이 포함된 노린재목은 70종이 발견되었고,
다음으로는 딱정벌레목 61종, 잠자리목 33종, 파리목 28종이 뒤를 이었다.

내륙의 곤충상 조사에서는 일반적으로 딱정벌레와 나비목이 우점하는 데 비해,
우포늪의 곤충은 노린재목이 가장 많이 발견되었고, 잠자리목의 비율도
높게 나타났다.

이는 채집 방법의 차이에서 비롯된 것일 수도 있겠지만, 물벌레, 소금쟁이,
장구애비, 물자라 등 수면이나 수중에 서식하는 수서 노린재류와 유충 기간을
수중에서 수채의 형태로 보내는 잠자리류가 우포늪에 많이 서식하면서
발견된 것으로 해석할 수도 있다.

물속을 자유로이 헤엄치는 수서곤충

습지의 곤충들을 소개하려면 빠질 수 없는 것이 바로 수서곤충이다. 그렇다면 습지보호지역이자 람사르 습지인 우포늪에는 어떤 수서곤충들이 서식하고 있을까? 대표적인 수서곤충 중 하나는 물방개인데, 우포늪에는 애기물방개, 자색물방개, 알물방개, 모래무지물방개, 혹외줄물방개, 깨알물방개 총 6종의 서식이 확인되었다. 아쉽게도 2017년 멸종위기 야생생물 Ⅱ급으로 지정된 물방개는 확인되지 않았지만, 우포늪에서는 각기 다른 속에 해당하는 6종의 물방개가 확인되어 생물다양성 측면에서는 우수하다고 볼 수 있다.

물방개는 딱정벌레목에 속하는 곤충으로 딱딱한 외골격을 지녔으며, 물속 환경이 깨끗하게 유지되도록 청소부 역할을 한다. 물방개는 육식성으로 물

애기물방개 ⓒ 권순직

애기물방개
Rhantus suturalis

분류 체계	Arthropoda 절지동물문 > Insecta 곤충강 > Coleoptera 딱정벌레목 > Dytiscidae 물방개과 > *Rhantus* 애기물방개속
크기	11~13mm
분포	구북구, 동양구, 호주 등
출현 시기	3~11월
특징	전체적으로 볼록한 긴 타원형이며 광택이 있는 황갈색이고 배면은 검은색이다. 물웅덩이, 못, 늪, 하천 등의 고인 물에 서식하며 밤의 불빛에도 날아든다. 수서곤충 및 작은 물고기를 먹는다.

속에 사는 작은 곤충이나 올챙이, 때로는 소형 어류를 잡아먹기도 한다. 물방개는 물속에서 생활하지만 아가미를 가지고 있지 않기 때문에, 주기적으로 올라와 수면에 꽁무니를 맞대고 공기주머니에 공기를 저장한다. 이러한 이유로 물방개가 물속에서 헤엄칠 때 꽁무니 쪽에 공기 방울을 매달고 다니는 것을 종종 볼 수 있다. 물방개는 저장한 공기로 폐 호흡하여 산소를 얻는 방법 외에도 물속에 녹아든 용존산소를 몸으로 직접 흡수할 수 있다. 그래서 종마다 차이는 있지만, 한번 잠수하면 최대 약 2~3일을 버틸 수 있다. 물방개는 주로 물속에서 생활하지만, 물 밖에서 생존이 불가능한 것은 아니다. 다른 딱정벌레와 마찬가지로 겉날개와 속날개를 지니고 있어, 서식하던 수환경이 오염되면 날개를 펼치고 비행하여 수질이 양호한 다른 물가를 찾아 떠나기도 한다.

물방개와 비슷하게 물속에 서식하는 딱정벌레로는 물땡땡이가 있다. 우포늪에는 좀물땡땡이, 꼬마넓적물땡땡이, 애넓적물땡땡이, 알물땡땡이, 애물땡땡이 총 5종의 물땡땡이가 서식하는 것으로 확인되었다. 물방개와 상당히 유사한 물땡땡이를 구분하는 방법은 여러 가지가 있다. 첫 번째는 헤엄치는

애넓적물땡땡이
Enochrus (Holcophilydrus) simulans

분류 체계	Arthropoda 절지동물문 > Insecta 곤충강 > Coleoptera 딱정벌레목 > Hydrophilidae 물땡땡이과 > *Enochrus* 넓적물땡땡이속
크기	5~7mm
분포	한국, 일본, 중국 등
출현 시기	4~10월
특징	논, 연못과 같은 정수역에서 흔히 볼 수 있다. 유충은 작은 수서곤충과 물달팽이를 포식하고, 성충은 채식을 한다. 봄에서 여름까지 산란하며 밤에 불빛으로 날아오기도 한다.

애넓적물땡땡이 ⓒ 권순직

방법으로 구분할 수 있다. 물방개는 헤엄칠 때 뒷다리 두 개를 동시에 움직이는 반면, 물땡땡이는 좌우의 다리를 번갈아 움직인다. 두 번째는 공기를 저장하는 방식으로, 물방개는 딱지날개와 배 사이에 있는 공기주머니에 저장하지만 물땡땡이는 몸체의 아랫면에 모아두는 방식으로 공기를 저장한다. 수중에서 물땡땡이를 관찰하면 몸 아랫면이 공기층으로 반짝반짝하게 코팅되어 있는 것을 확인할 수 있다. 세 번째는 성충의 먹이원으로, 물방개는 육식성 곤충이지만 물땡땡이는 물속의 수초 등을 먹고 사는 초식성 곤충이다.

앞서 소개한 물방개와 물땡땡이처럼 수서곤충에는 딱정벌레목만 있을까? 그렇지 않다. 게아재비, 물자라, 소금쟁이, 장구애비, 송장헤엄치게 등처럼 노린재목에도 다양한 수서곤충이 있다. 우포늪에서는 게아재비, 각시물자라, 송장헤엄치게, 애소금쟁이, 메추리장구애비 등 총 14종의 수서 노린재류가 서식하는 것으로 확인되었다. 이들의 공통적인 특징은 침형 구기(針形 口器)○이다. 육상의 노린재류가 이러한 침형 구기로 식물을 가해하며 살아가는 것과 다르게 수서 노린재류는 다른 수서곤충, 올챙이, 어류 등의 포식자 위치에 있다. 노린재 하면 떠오르는 악취 또한 수서 노린재에게는 해당하지 않는 경우가 많다. 주로 물속에서 살기 때문에 이에 맞춰 취선(臭腺)○○이 퇴화하는 쪽으로 진화했기 때문이다.

○ 바늘처럼 끝이 가늘고 길며 뾰족한 입 모양

○○ 동물의 체내에서 악취가 나는 분비물을 분비하는 샘

게아재비
Ranatra chinensis

분류 체계	Arthropoda 절지동물문 > Insecta 곤충강 > Hemiptera 노린재목 > Nepidae 장구애비과 > *Ranatra* 게아재비속
크기	40~45mm
분포	한국, 러시아, 미얀마, 인도, 일본, 중국, 대만 등
출현 시기	4~10월
특징	앞다리는 날카로운 낫 모양이고, 그 밑쪽에 가시 모양의 돌기가 있다. 소택지, 저수지 등에 서식하며 물풀 사이 또는 물가에서 관찰된다. 주된 먹이는 수서곤충, 올챙이, 소형 어류이다.

게아재비 ⓒ 권순직

게아재비는 물속에 서식하는 사마귀라고 불릴 만큼 사마귀와 유사한 외형을 가지고 있다. 사마귀 하면 떠오르는 낫과 같은 앞다리 구조를 게아재비도 가지고 있는데, 이 포악성 앞다리를 이용해 각종 수서곤충과 올챙이, 소형 어류를 낚아채어 침형 구기를 꼽고 체액을 빨아먹는 방식으로 사냥한다. 다른 수서곤충은 뒷다리가 빗살과 같은 구조로 헤엄치기 좋게 진화한 경우가 많지만, 게아재비는 사마귀와 비슷하게 길쭉한 다리를 가지고 있어 물속에서 헤엄을 친다기보다 허우적거리면서 이동하고, 주로 수초에 붙어서 기어 다닌다.

메추리장구애비는 수서곤충에 속하지만, 장구애비와 다르게 물이 없는 환경에서도 서식할 수 있다고 알려져 있다. 다만 축축할 정도로 물을 머금고 있는 땅이어야 한다. 야생의 메추리장구애비는 주로 물가 근처의 진흙을 기어 다니며 생활한다. 메추리장구애비도 다른 수서 노린재류와 마찬가지로 물속에서 호흡할 수 있는 호흡관을 가지고 있으나 길이가 매우 짧다. 그래

메추리장구애비 ⓒ 권혁영

메추리장구애비
Nepa hoffmanni

분류 체계	Arthropoda 절지동물문 > Insecta 곤충강 > Hemiptera 노린재목 > Nepidae 장구애비과 > *Nepa* 메추리장구애비속
크기	15~25mm
분포	한국, 일본, 중국, 러시아 등
출현 시기	3~11월
특징	몸 색깔은 짙은 갈색으로 납작하며, 앞다리는 낫 모양이다. 연못이나 습지의 물 흐름이 없는 수변부 지역에 주로 서식하며 다른 수서곤충을 잡아먹는다.

서 주로 물가 근처의 육지에서 서식하지만, 호흡관을 내놓을 수 있는 얕은 물이라면 생존할 수 있다. 이들의 주 먹이는 육지에 사는 소형 곤충으로, 공벌레나 노래기 등을 먹는다.

위에서 살펴본 것처럼 같은 수서곤충도 물속에서 살아가는 종, 물 표면에서 살아가는 종, 물가에서 살아가는 종 등으로 구분된다. 우리나라 최대, 최고(最古)의 습지보호지역인 우포늪의 물에는 저마다 다른 방식으로 살아가는 수서곤충들이 부지런히 헤엄치고 있다.

육지도 물도 끄떡없는 잠자리

물과 땅 모두에서 생활하는 양서류와 비슷한 삶을 살아가는 곤충이 바로 잠자리다. 하늘을 나는 잠자리가 관찰된다면 근처에 물가가 있을 가능성이 높은데, 이유는 '수채'라고 부르는 잠자리의 유충이 물속에서 아가미로 호흡하며 서식하기 때문이다. 수채는 타고난 사냥꾼으로 장구벌레, 올챙이부터 작은 물고기까지도 사냥한다. 놀라운 사냥의 비결은 바로 수채의 턱 구조에 있는데, 수채의 아랫입술은 순식간에 늘어나서 사냥감을 낚아챈다. 아랫입술의 끝이 사냥감을 낚아채고 난 후 놓치지 않게 갈고리 형태로 되어있어서 사냥 성공률 또한 높다. 수채는 물속에서 성장하며 종에 따라 차이가 있지만, 성충이 되기까지 대략 10~15회 정도 탈피한다. 성장을 완료한 유충은 물 밖으로 자라난 풀줄기를 타고 올라가 성충인 잠자리로 우화하게 된다. 잠자리는 불완전변태를 하는 곤충으로 번데기 기간을 거치지 않고, 주로 천적을 피해 야간에 유충에서 성충으로 우화한다.

물속 생활을 훌륭히 마친 잠자리는 육상 생활에서도 강인한 면모를 보이며 곤충 중에서 상위 포식자의 역할을 한다. 특히 수채일 때는 물속에서 장구벌레를 사냥하고 잠자리로 우화하고 나서는 인간에게 여러 감염성 질병의 매개체가 되는 모기를 잡아먹는 익충이다. 잠자리는 4억 년 전 쥐라기에도 지구에서 생존했는데, 오늘날까지 살아남아 상위 포식자로서 군림할 수 있었던 이유 중 하나는 바로 비행 능력에 있다. 잠자리는 불균시아목에 속하는 곤충인데, 이는 앞날개와 뒷날개의 모양이 다르다는 것을 의미한다. 두 쌍의 날개를 하나씩 따로 움직일 수 있는 근육도 갖추고 있다. 이러한 형태적 특징으로 잠자리는 비행 시 정밀한 날개 조절이 가능해 정지비행뿐만 아니라 급선회도 자유자재로 가능하며 심지어 후진 비행도 가능하다.

연분홍실잠자리를 비롯한 실잠자리류는 우리가 흔히 잠자리를 떠올리면 생각나는 이미지와는 조금 다른 형태를 가지고 있다. 실이라는 단어에 걸맞게 실잠자리의 몸은 상당히 가느다랗고 길며, 날개도 잠자리에 비해 작다. 또한 잠자리가 불균시아목인데 비해 실잠자리는 균시아목으로 앞날개와 뒷날개의 형태가 거의 유사하고, 잠자리는 앉아서 휴식할 때 날개를 아래로 펼치고 있지만, 실잠자리는 날개를 위로 접은 상태로 휴식한다. 실잠자리는 잠자리에 비해 몸 크기가 작아서 사마귀, 파리매를 비롯한 다른 곤충들에게 잡아먹히기도 하지만, 실잠자리 또한 잠자리목에 속해 하루살이,

연분홍실잠자리 ⓒ 백문기

연분홍실잠자리
Ceriagrion nipponicum

분류 체계	Arthropoda 절지동물문 > Insecta 곤충강 > Odonata 잠자리목 > Coenagrionidae 실잠자리과 > *Ceriagrion* 노란실잠자리속
크기	23~35mm
분포	한국 남부, 일본, 중국
출현 시기	6~9월
특징	미성숙할 때는 겹눈이 푸른색이며, 성숙하면 붉은색으로 변한다. 수컷은 가슴과 배 전체가 빨갛고 암컷은 성숙하면 연한 갈색이 된다. 기후변화 생물지표종으로 중부지방에 소규모 개체가 분포한다.

파리 등 비행성 곤충을 잡아먹고 사는 육식성이다. 또 다른 잠자리와 같이 우수한 비행 능력을 지녔으며, 주목할 만한 특징은 맹금류의 올빼미처럼 비행할 때 날개 소리가 나지 않는다는 점이다. 이는 앞날개와 뒷날개의 형태가 달라서 비행 시 날개끼리 충돌하여 소리가 나는 잠자리류와의 차이다.

3차례 진행된 우포늪의 곤충상 조사 결과, 우포늪에는 기후변화 생물지표종인 연분홍실잠자리를 포함하여 총 33종의 잠자리가 서식하는 것으로 확인되었다. 우포늪에는 경기, 강원 등 남한의 북부지역 위주로 서식하는 북방실잠자리의 출현도 확인되어 더 자세한 연구가 필요한 상황이다.

복슬복슬한 털을 지닌 호박벌

우포늪에는 장수말벌, 별쌍살벌 등을 포함하여 총 20종의 벌이 서식하는 것으로 조사되었다. 벌(Bee)하면 떠오르는 이미지는 무엇인가? 날카로운 침, 부지런함, 달콤한 꿀, 노란색과 검은색 등의 키워드가 우선 생각날 수 있다. 이 모든 키워드를 포함하고 추가로 귀여움으로 무장한 벌이 있다. 바로 호박벌이다. 귀여움은 상당히 주관적인 단어지만, 복슬복슬한 털이 가득한 배 부분을 꽃 바깥으로 빼놓은 채 정신없이 꽃가루와 꿀을 먹고 있는 호박벌을 보면 대부분의 사람은 귀엽다고 생각할 것이다.

호박벌이라는 이름은 호박꽃에 자주 들어가 먹이를 섭취해 붙여진 이름이다. 호박벌의 또 다른 이름은 뒤영벌인데, 쪼개지 않고 박의 속을 파내어 만든 바가지인 뒤웅박을 닮아서 붙여진 이름이다. 호박벌은 다른 벌에 비해 둥글둥글하고 비대한 몸을 가졌기 때문에 상대적으로 날개가 작다. 형태적인 제한이 있어도 호박벌이 다른 벌처럼 꽃과 꽃 사이를 잘 비행하며 다닐 수 있는 이유는 바로 부지런한 날갯짓이다. 호박벌은 다른 벌보다 초당 더 많은 날갯짓으로 육중한 몸을 버티며 비행한다. 초당 230~250회의 빠른 날갯짓으로 앞전와류를 일으켜 날게 되는데, 몸집이 큰 말벌과 비슷할 만큼 호박벌의 비행 소리는 아주 큰 편이다.

우포늪에는 어리호박벌이 서식하고 있다. 동식물의 명칭에 들어가는 '어리'라는 말은 비교 대상에 비해 덜 갖추어진, '모자라다'는 뜻이니 그만큼 어리호박벌과 호박벌이 유사하다는 의미이다. 어리호박벌은 호박벌과 마찬가지로 둥글둥글한 체형에 머리와 가슴은 털로 뒤덮여 있지만, 배 부분에는 털이 없고 광택이 난다. 배 부분 털의 유무는 호박벌과 어리호박벌을 구분하는 동정키가 된다. 호박벌은 뱀이나 두더지 등이 파놓은 땅굴을 이용해 벌집을 짓는데, 어리호박벌은 나무에 구멍을 파내고 그 안에 벌집을 짓는다. 이러한 생태적 특성 때문에 해외에서 어리호박벌은 'carpenter bee'라는 이명을 가지고 있다.

호박벌 ⓒ 국립생물자원관

호박벌
Bombus (Bombus) ignitus

분류 체계	Arthropoda 절지동물문 > Insecta 곤충강 > Hymenoptera 벌목 > Apidae 꿀벌과 > *Bombus* 뒤영벌속
크기	17~23mm
분포	한국, 일본, 중국 동북부
출현 시기	4~9월
특징	암컷은 온몸에 검은색 털이 나 있고, 제3배마디 이하는 적갈색 털이 나 있다. 수컷은 온몸이 선명한 황색 털로 덮여 있다. 평지와 산지에서 나타나지만 주로 산지에 많다.

어리호박벌 ⓒ 전주아

어리호박벌
Xylocopa appendiculata circumvolans

분류 체계 Arthropoda 절지동물문 > Insecta 곤충강 > Hymenoptera 벌목 > Apidae 꿀벌과 > *Xylocopa appendiculata* 어리호박벌속
크기 약 20mm
분포 한국, 중국
출현 시기 5~8월
특징 몸은 검은색을 바탕으로 하고, 뒷머리에서 가슴 등판까지는 황색 털이 많이 나 있다. 날개는 보랏빛이 도는 검은색이다. 들판이나 숲의 가장자리에서 꽃의 꿀을 즐겨 빨아먹는다.

최근 호박벌을 비롯한 벌목의 개체수가 눈에 띄게 감소하고 있다. 호박벌의 경우 날개가 성장하지 않는 바이러스인 변형날개바이러스(deformed wing virus)가 유행하고 있는데, 이 바이러스에 감염된 호박벌의 경우 정상적인 비행이 불가능해 먹이원을 구하러 가지 못하고 죽는다. 꿀벌은 상황이 더 심각한데, 꿀벌 군집붕괴현상(CDC, Colony Collapse Disorder)이라는 용어가 생겨날 만큼 전 세계적으로 꿀벌의 개체수가 급감하고 있다. 이 현상의 주 원인으로 지목된 것은 지구온난화 등으로 인한 기후변화와 살충제의 남용, 꿀벌응애와 같은 기생충 증가 등이 있다. 꿀벌과 호박벌을 비롯한 벌은 야생에서 수분(꽃가루)의 매개자로서 생태적으로 매우 중요하다. 이들의 개체수 감소는 식물의 과실이 열리지 않는다는 것을 의미하며, 이는 생산자인 식물 개체수 감소와 초식동물의 개체수에 타격을 입히고 나아가 인간을 비롯한 상위 소비자에게도 많은 영향을 미칠 것이다. 이처럼 우리는 모든 동식물의 생존과 밀접하게 연결되어 있으며, 지구 생태계의 중요한 구성원인 벌목을 지키고자 노력해야 할 것이다.

제비를 닮은 나비, 제비나비

우포늪 길을 따라 걷다 보면 검은 날개를 가지고 빠르게 비행하는 나비를 종종 볼 수 있다. 바로 제비나비다. 이들을 어떤 이유로 '제비나비'라고 부르게 되었을까? '제비' 하면 떠오르는 것은 다른 새에 비해 길게 발달한 V자형 꼬리깃이다. 제비나비는 뒷날개의 형태가 마치 제비가 가진 꼬리깃처럼 길게 늘어져 있다. 또한 V자형 꼬리를 가진 제비는 빠른 속력과 공중에서의 급선회 등 비행 능력이 우수한데, 제비나비도 다른 나비류에 비해 상당히 빠른 비행 능력을 갖추고 있다. 이처럼 제비나비는 제비와 비슷한 부분이 많아서 제비나비라고 명명되었다.

한국에서 제비나비라고 불리는 나비에는 여러 종이 있다. 제비나비 외에도 산제비나비, 긴꼬리제비나비, 사향제비나비 등이 있다. 우포늪에 서식하는

제비나비 ⓒ 백문기

제비나비
Papilio bianor

분류 체계	Arthropoda 절지동물문 > Insecta 곤충강 > Lepidoptera 나비목 > Papilionidae 호랑나비과 > *Papilio* 호랑나비속
크기	80~125mm
분포	한국, 일본, 중국 남동부, 러시아 사할린 등
출현 시기	4~9월
특징	몸 날개 모두 검은색이고 청색의 비늘가루가 날개에 촘촘히 있다. 연 2회 발생하여 4~6월에 봄형, 7~9월에 여름형으로 형태적 차이점이 나타난다. 텃세가 많아 주로 일정한 영역 내에서 활동한다.

제비나비류는 제비나비와 사향제비나비 2종인 것으로 조사되었다. 그중 사향제비나비에 관해서는 재미있는 사실이 있다. 사향은 사향노루의 향낭에서 추출한 향료로 향수나 방향제에 사용되는 머스크(musk)향의 주재료가 되는데, 사향제비나비 수컷의 날개에서는 사향 냄새가 나고, 특히 채집 직후에는 그 향이 제일 진하다고 한다.

제비나비 유충의 생김새는 종마다 차이가 있으며 주로 산초나무, 후박나무, 머귀나무 등의 나무에 붙어 나뭇잎을 섭식하면서 자란다. 그리고 번데기로 월동하여 겨울을 나고 날이 따뜻해지면 성충으로 우화하여 활동한다. 제비나비의 성충은 연중 4~9월인 늦봄에서부터 초가을까지 활동하며 진달래, 엉겅퀴 등의 꽃 혹은 누리장나무, 쉬땅나무, 라일락 등의 나무에 잘 모인다. 이 시기에 우포늪을 방문하면 먹이를 먹기 위해 이곳저곳 빠른 속도로 분주히 움직이는 제비나비와 사향제비나비를 볼 수 있다.

사향제비나비 ⓒ 원민혁

사향제비나비
Atrophaneura alcinous

분류 체계	Arthropoda 절지동물문 > Insecta 곤충강 > Lepidoptera 나비목 > Papilionidae 호랑나비과 > *Atrophaneura* 사향제비나비속
크기	65~90mm
분포	제주도를 제외한 한국, 일본, 중국, 대만 등
출현 시기	5~9월
특징	수컷은 날개 윗면이 검고 광택이 있으며, 암컷은 날개 윗면은 황갈색이고 광택이 없다. 봄형은 여름형에 비해 크기가 작고 수컷의 몸에서는 사향 냄새가 난다.

잎의 재단사, 등빨간거위벌레

거위벌레는 타고난 재단사이다. 이들은 나뭇잎을 자르고 말아서 요람을 만들어 그 안에 알을 낳아 자손을 번식하는 독특한 생태적 습성을 지니고 있다. 요람 안에서 부화한 거위벌레의 유충은 천적으로부터 안전한 요람 안에서 잎을 섭식하며 성장하게 되고 번데기 과정을 거쳐 성충으로 우화하게 된다. 그래서 외국에서는 거위벌레를 'leaf rolling beetle'이라고 부른다. 특이한 점은 거위벌레의 종마다 요람을 만드는 방식이 다르다는 것이다. 어떤 거위벌레는 잎을 갉을 수 있는 턱을 이용해 하나의 잎을 재단하고 말아서 요람을 만들고, 어떤 거위벌레는 여러 장의 잎을 말고 꼬아서 요람을 만든다. 또 어떤 종은 잎 하나에 한 개의 알을 낳는 반면, 어떤 종은 큰 요람 하나에 여러 개의 알을 낳기도 한다. 이처럼 같은 거위벌레류 일지라도 요람을 만드는 방식이나 한 요람에 낳는 알의 개수는 다르다.

우포늪에서도 이 능력 있는 재단사를 만나볼 수 있는데, 바로 등빨간거위벌레이다. 거위처럼 긴 목을 지녀서 거위벌레로 부르게 된 것과 다르게 등빨간거위벌레의 목은 그렇게 길지 않다. 짙은 보랏빛 광택을 가지는 딱지날개에 주홍빛 머리와 가슴, 그리고 다리를 가지고 느티나무, 느릅나무의 잎을

등빨간거위벌레 ⓒ 김형수

등빨간거위벌레
Tomapoderus ruficollis

분류 체계	Arthropoda 절지동물문 > Insecta 곤충강 > Coleoptera 딱정벌레목 > Attelabidae 거위벌레과 > *Tomapoderus* 민등목거위벌레속
크기	5~6mm
분포	한국, 중국, 러시아, 몽골 등
출현 시기	6~10월
특징	배의 등쪽 날개딱지는 진한 보라색이며 금속성 광택이 있다. 머리·가슴·다리는 황갈색을 띠고 있다. 주로 느티나무 종류의 잎을 말아 속에 알을 낳는다.

열심히 재단하고 있는 곤충을 만난다면 등빨간거위벌레를 찾는 데 성공한 것이다.

곤충은 서로 다른 곤충이나 소형 동물을 잡아먹기도 하지만, 식물을 섭식하며 생존하는 종이 많아서 식물과 밀접한 영향을 가지므로 식생, 식물상 연구와 함께 생물상 조사에서 매우 중요한 부분을 차지한다. 또한 기후변화로 인해 생물 분포와 개체군 크기 변화가 뚜렷하거나, 뚜렷할 것으로 예상되어 정부에서 관리하는 기후변화 생물지표종에도 많이 포함되어 있으므로 곤충에 관한 연구는 기후변화 대비 측면에서도 유용한 자료가 될 것이다. 생물종들 가운데 가장 큰 비율을 차지하고 있는 분류군은 곤충이며, 전 세계에서 약 150만 종이 서식하는 것으로 추측하는 가운데 곤충이 차지하는 종 수는 약 100만 종에 이른다. 국내에도 약 2만 종이 서식하는 것으로 추측하며, 이는 우리나라에서 발견되는 생물 종의 약 35%를 차지하니 곤충 연구는 아직 갈 길이 먼 상황이다.

사람들에게 보잘 것 없다고 여겨지는 곤충은 알고 보면 작은 크기를 극복하기 위해 주어진 환경에 맞춰 저마다의 생존 전략으로 치열하게 살아가고 있다. 우리 역시 각자 바쁜 삶을 살아가고 있지만, 우리와 함께 지구를 살아가고 있는 이 작은 친구들을 한 번이라도 들여다본다면 단순한 벌레가 아니라 그들에게도 배울만한 점이 있다는 사실에 즐거움을 느끼게 될 것이다.

글. 원민혁

각기 다른 생존 전략으로 치열하게 살아가는 동식물을 연구하고 싶다는 마음으로 생물학자라는 꿈을 키워 곤충분류학을 전공했다. 울릉도의 곤충상 조사와 피를 흡혈하며 여러 감염병을 매개하는 모기를 주로 연구했으며, 곤충 연구에서 더 나아가 한국의 습지 생태계 보전에 기여하는 연구를 하고자 한다.

생명의 습지, 우포늪   우포늪의 저서성 대형무척추동물류

논우렁이 ⓒ 창녕군

class. 04

우포늪의
저서성
대형무척추동물류

우포늪에는 다양한 종류의 저서성 대형무척추동물이 살고 있는데 잠자리류, 노린재류, 딱정벌레류와 같이 정수역에 적응한 생물들이 주를 이룬다.

이들은 어류, 양서류, 조류 등 상위 포식자들의 중요한 먹이원이 됨으로써 생태계의 중요 구성원 역할을 하고 있다.

잘리면 둘이 되는 플라나리아

초등학교 교과서에도 등장하는 플라나리아는 몸이 납작한 편형동물류에 속한다. 플라나리아는 빛의 양을 구별할 수 있는 안점을 갖고 있으며, 하천에서 돌을 들추면 돌 밑에 있던 플라나리아가 아래로 미끄러지듯 이동하는 것을 볼 수 있다. 또 항문이 따로 없기 때문에 배에 있는 입(인두)으로 먹이를 먹고 다시 입으로 찌꺼기를 토해낸다. 플라나리아는 알을 낳는 유성생식을 하며 몸이 여러 부분으로 잘려도 각각 다른 개체로 재생하여 번식할 수 있다. 최근에는 이러한 플라나리아의 뛰어난 재생 능력이 연구 대상이 되고 있는데, 이 미스터리가 밝혀진다면 과학계와 의학계에 큰 변화를 불러올 것이다.

플라나리아
Dugesia japonica

분류 체계	Platyhelminthes 편형동물문 > Rhabditophora > Tricladida 삼기장목 > Planariidae 플라나리아과 > *Dugesia* 플라나리아속
크기	10mm 내외
분포	한국, 중국, 일본 등
출현 시기	6~10월
특징	몸은 좌우대칭으로 길쭉하며 주로 갈색 및 어두운 갈색을 띠는데, 서식 환경에 따라 어두운 회색 등으로 다양하게 나타난다. 머리는 삼각형으로 1쌍의 눈(안점)이 있고, 배 밑에는 입(인두)이 있다. 자갈이 많은 하천의 유수역 돌 밑에서 주로 관찰되며 유기물 함량이 많은 곳에서 높은 개체 밀도를 보인다. 몸의 신축력을 이용해 미끄러지듯 이동한다.

플라나리아 ⓒ 권순직

우렁각시의 주인공, 논우렁이

고전 설화 가운데 '우렁이에서 나온 처녀 이야기', '조개 색시' 등에 나오는 우렁이로 추정되는 종이다. 우렁각시 이야기에 "가난한 노총각이 밭에서 일 하다가 발견한 우렁이를 가져와 집에 있는 물독에 넣어 두었더니, 그 후 밥상이 차려져 있었다. 이를 이상하게 여긴 총각이 숨어서 살펴보니, 우렁이 속에서 예쁜 처녀가 나와 밥을 지어 놓고 다시 우렁이 안으로 들어갔다."는 내용이 있다. 이야기 속 우렁이는 밭일을 하다 발견되었고, 물독에 넣어 두었다는 것으로 미루어 볼 때 경작지 주변에 많이 서식하면서 물속에서 생활하는 논우렁이일 확률이 높기 때문이다. 이밖에도 논우렁이는 '우렁이된장찌개', '우렁쌈밥' 등 식재료로 이용되어 왔지만 최근에는 열대지역에서 도입한 '왕우렁이'로 대체되고 있다.

논우렁이 ⓒ 권순직

논우렁이
Cipangopaludina chinensis malleata

분류 체계	Mollusca 연체동물문 > Gastropoda 복족강 > Architaenioglossa 고설목 > Viviparidae 논우렁이과 > *Cipangopaludina* 논우렁이속 > *chinensis* 긴논우렁이
크기	각경 30mm, 각고 60mm 정도
분포	한국, 일본, 미국 등
특징	어두운 갈색의 긴 원추형이다. 나층은 5층이고, 봉합이 깊어 나관이 뚜렷하며, 각구는 계란형이며 순연은 얇다. 자웅이체로 체내수정을 하고, 어린 개체를 낳는 난태생이다. 바닥을 기어다니면서 하상의 유기물을 섭식한다.

새뱅이
Neocaridina denticulata denticulata

분류 체계	Arthropoda 절지동물문 > Malacostraca 연갑강 > Decapoda 십각목 > Atyidae 새뱅이과 > *Neocaridina* 새뱅이속 > *denticulata*
크기	23mm 정도
분포	한국, 중국, 일본 등
특징	등면 정중선을 따라 밝은 띠무늬가 있고 갑각에는 더듬이윗가시가 있으며 눈윗가시는 없다. 이마뿔은 앞쪽으로 곧게 뻗어 있고, 가장자리에는 10~20개의 이가 있다. 꼬리마디는 길이가 너비의 3.2배 정도고, 등면에 3~5쌍의 가시가 있다.

새뱅이 ⓒ 권순직

전통 향토음식의 재료로 쓰이는 새뱅이

전국적으로 흔하게 분포하고, 매년 5~8월경 알을 지닌 개체가 관찰되는 새뱅이는 유기물 및 수변 식물이 풍부한 하천과 호소의 수변부에 서식한다. 주로 하상의 유기물을 먹고 생활하며, 동물의 사체 등을 섭식하기도 한다. 우리나라에서는 민물새우인 새뱅이를 '토하(土蝦)'라 부르며 젓갈을 담그거나 말려서 식용으로 사용해 왔다. 조선시대에는 전남 강진군 옴천면에서 생산되는 토하젓을 궁중 진상품으로 올렸다는 기록이 있다. 오늘날에도 전라도 지역에서는 식재료로 이용하고 있으며 민간에서는 소화에 도움이 되는 것으로 알려져 있고, 최근에는 성인병, 암 예방 등의 건강보조식품으로 이용되고 있다. 수족관에서 이끼를 제거하거나 관상용으로 키우기도 한다.

노래 속 주인공 고추잠자리

우리나라에 잠자리류는 약 110종이 서식하는 것으로 알려져 있다. 이 중 우리에게 가장 잘 알려진 종이 '고추잠자리'인데, 고추잠자리는 몸 색깔이 고추처럼 붉다고 해서 붙여진 이름이다. 노래 가사나 제목에 많이 쓰여 대중에게 친근한 곤충 중 하나다. 고추잠자리는 둠벙, 연못, 인공호 등 정수역에서 주로 관찰되지만, 평지 하천, 강 등 유수역의 식생이 풍부한 수변부 등 다양한 환경에 서식한다. 수변식물을 은신처로 하상을 기어다니며 작은 수생동물을 잡아먹는데, 5~10월까지 성충이 관찰되고 유충과 성충 시기에 모기를 잡아먹음으로써 우리에게 도움을 주기도 한다.

고추잠자리 ⓒ 권순직

고추잠자리
Crocothemis servilia mariannae

분류 체계	Arthropoda 절지동물문 > Insecta 곤충강 > Odonata 잠자리목 > Libellulidae 잠자리과 > Sympetrinae 고추잠자리아과 > *Crocothemis* 고추잠자리속 > *servilia*
크기	20~22mm
분포	한국, 중국, 대만, 일본, 인도 등
특징	몸은 타원형으로 배가 넓고, 붉은 갈색 또는 갈색을 띤다. 겹눈은 크고 옆으로 돌출했으며, 몸에는 털과 돌기가 적다. 아랫입술에는 갈색 반점이 있고, 중편강모는 14~16쌍, 측편강모는 11~12쌍이 있다. 배의 등에는 가시가 없고, 옆에는 제8~9배마디에 가시가 있다.

된장잠자리 ⓒ 권순직

된장잠자리
Pantala flavescens

분류 체계	Arthropoda 절지동물문 > Insecta 곤충강 > Odonata 잠자리목 > Libellulidae 잠자리과 > *Pantala* 된장잠자리속
크기	23~25mm
분포	한국, 중국, 일본, 타이완, 인도, 사할린섬, 쿠릴열도, 미크로네시아 등
특징	몸은 긴 타원형으로 갈색 또는 황갈색을 띠지만 서식 환경에 따라 다양하게 나타난다. 다리는 가늘고 길며, 넓적다리마디에는 고리 모양의 띠가 2개씩 나타난다. 배는 긴 타원형으로 등면에 작은 점무늬가 많다. 하상을 기어 다니거나 헤엄치며 작은 수생동물을 잡아먹는다.

곤충인가 철새인가? 된장잠자리

된장과 비슷한 색을 띠어서 된장잠자리라는 이름이 붙여졌으며, 우리나라에서 흔히 관찰되지만 월동은 하지 못하는 것으로 알려져 있다. 성충의 경우 몸무게는 약 0.3g 정도에 불과하지만 한 세대가 약 2,000km를 이동하고, 여러 세대에 걸쳐 아시아에서 아메리카까지 약 7,000km 넘는 거리를 이동한다. 이처럼 작은 몸으로 먼 거리를 이동할 수 있는 비결은 바람을 이용하는 비행 때문이라는 사실이 밝혀졌다. 우리나라로 날아오는 된장잠자리의 이동 실태는 아직 밝혀지지 않았는데, 먼 바다를 이동하는 선박이나 어선 등에 떼 지어 날아오는 된장잠자리가 관찰되기도 한다. 된장잠자리의 유충 시기는 40~60일로 다른 잠자리보다 빠르게 성장한다.

위대한 부성애의 상징, 물자라

물자라는 연못, 저수지 등의 정수역에서 주로 관찰되지만, 하천의 수변에서도 흔히 볼 수 있다. 암컷이 수컷의 등에 알을 낳아 부착하면 수컷이 부화할 때까지 돌보는 습성으로 유명하다. 수컷은 알의 습도 유지와 산소 공급을 위해 물 안팎을 왔다 갔다 하는데, 수컷도 날개가 있지만 등에 알을 업은 동안에는 날개를 펴지 않는다. 때문에 천적을 만나면 필사적으로 도망치다가 알을 떨어뜨리기도 한다. 물자라는 보통 수초 사이에 숨어 있다가 작은 수생동물을 포획해 먹는데, 먹이에 뾰족한 입을 찔러 소화액을 넣은 뒤 체액을 빨아먹는다. 공격성이 매우 강해서 자기보다 큰 수생동물이나 동종을 포식하기도 한다.

물자라 ⓒ 권순직

물자라
Appasus japonicus

분류 체계	Arthropoda 절지동물문 > Insecta 곤충강 > Hemiptera 노린재목 > Belostomatidae 물장군과 > Appasus 물자라속
크기	17~20mm
분포	한국, 일본, 중국
출현 시기	4~10월
특징	몸은 타원형이며 뒤쪽으로 갈수록 넓어진다. 몸은 밝은 갈색을 띠고, 머리는 폭이 넓은 삼각형 모양에 앞쪽으로 돌출하여 있다. 주둥이는 평상시에 뒤쪽을 향하며 짧고 단단하다. 앞다리는 포획용으로 가운데나 뒷다리와 다르게 변형되어 있다. 가운데와 뒷다리는 크기와 형태가 비슷하며, 잔털이 한 방향으로 밀생해 있어 수초를 붙잡거나 헤엄치기 적합한 구조이다.

뒤집어서 헤엄치는 송장헤엄치게

송장헤엄치게는 송장처럼 거꾸로 누워 헤엄을 쳐서 붙여진 이름이고, 영어로는 'Back swimmers'로 불린다. 포식성 곤충으로 먹이를 마비시키기 위해 소화액을 주입해 체액을 빨아먹는데, 채집할 때 손으로 잡으면 간혹 찌르기도 하지만 병을 옮기지는 않는다. 물속에서 숨을 쉬기 위해 배에 촘촘히 나 있는 털로 배와 날개 밑에 공기를 저장하고, 저장한 산소가 고갈되면 다시 수면 위로 올라온다. 헤엄치는 데 적합한 노처럼 생긴 뒷다리를 이용하여 노를 젓듯 헤엄치고, 나룻배를 조정하듯 방향을 바꾸기도 한다. 공격성이 강해 자기보다 큰 수생동물이나 동종을 공격하기도 한다. 둠벙, 연못, 저수지 등의 정수역에서 주로 관찰되지만, 유속이 느려지는 하천의 수변에서도 잘 볼 수 있다.

송장헤엄치게 ⓒ 권순직

송장헤엄치게
Notonecta (Paranecta) triguttata

분류 체계	Arthropoda 절지동물문 > Insecta 곤충강 > Hemiptera 노린재목 > Notonectidae 송장헤엄치게과 > *Notonecta* 송장헤엄치게속 > *Paranecta*
크기	11~14mm
분포	한국, 중국, 일본 등
특징	몸은 굵은 원통형으로 배의 끝부분에서 좁아져 나룻배처럼 생겼다. 배의 등면은 노란색 바탕에 회흑색 무늬가 있다. 눈은 붉은색으로 보이고, 유충의 경우 배의 등면이 연녹색이나 상아색으로 보이기도 한다. 앞다리와 가운데다리는 갈고리 모양이고, 뒷다리는 다른 다리보다 길어 헤엄치기에 적합하다.

알물방개와 알물땡땡이

일반적으로 물방개류와 물땡땡이류는 헤엄치는 모습으로 구별이 가능하다. 물방개류는 뒷다리를 동시에 움직여 헤엄치지만, 물땡땡이류는 양 뒷다리를 번갈아 움직이며 앞으로 나아간다. 이는 물방개류가 다리에 헤엄치기에 적합한 유영모를 많이 가지고 있고, 물땡땡이는 헤엄도 치지만 걷기에 더 적합한 다리를 가지고 있기 때문이다. 즉, 물땡땡이보다 물방개가 더 헤엄을 잘 친다.

알물방개 ⓒ 권순직

알물방개
Hyphydrus japonicus vagus

분류 체계	Arthropoda 절지동물문 > Insecta 곤충강 > Coleoptera 딱정벌레목 > Dytiscidae 물방개과 > *Hyphydrus* 알물방개속 > *japonicus*
크기	5mm 정도
분포	한국, 중국, 일본, 대만 등
특징	몸은 짧고 볼록한 알 모양이다. 머리는 적갈색으로 겹눈 사이에 1쌍의 짙은 갈색 얼룩무늬가 있다. 앞가슴 배판돌기는 넓으며 끝이 뾰족하지 않고, 딱지날개에는 연한 노란색 바탕에 흑색 얼룩무늬가 있다. 물속에 사는 작은 수생동물을 잡아먹거나 죽은 동물을 뜯어 먹기도 한다.

알물땡땡이 ⓒ 권순직

알물땡땡이
Amphiops mater

분류 체계	Arthropoda 절지동물문 > Insecta 곤충강 > Coleoptera 딱정벌레목 > Hydrophilidae 물땡땡이과 > *Amphiops* 알물땡땡이속
크기	4mm 정도
분포	한국, 일본 등
특징	몸의 중앙이 볼록한 반구형으로 적갈색이다. 딱지날개에는 불명확한 8줄의 점각열이 있고, 암갈색의 반점과 무늬가 있다. 유속이 느려지거나 정체되는 수변의 유기 퇴적물이 많고 식생이 풍부한 곳을 선호하며, 부식성 식물 조직을 먹는다.

동애등에 ⓒ 권순직

동애등에
Ptecticus tenebrifer

분류 체계	Arthropoda 절지동물문 > Insecta 곤충강 > Diptera 파리목 > Stratiomyidae 동애등에과 > Ptecticus 동애등에속
크기	13~20mm
분포	한국, 중국, 일본, 대만
특징	전체적으로 흑색이나 흑갈색을 띤다. 성충은 행동이 느려 쉽게 발견할 수 있으며, 재래식 화장실 부근에 특히 많다.

살아있는 음식물처리기, 동애등에류

몸길이는 35~40 mm이고, 납작하고 긴 방추형으로 광택이 나는 녹갈색이나 짙은 흑갈색을 띤다. 머리는 작고 긴 형태로, 일부분이 가슴으로 수축되어 있다. 배의 끝마디에는 기문(氣門)○이 있고, 주위에 다수의 강모(剛毛)○○가 있다. 둠벙, 연못, 인공호 등 유기물이 많이 퇴적된 정수역에서 주로 관찰되지만, 유기물 농도가 높은 평지 하천과 강의 수변부에서도 관찰된다.

○ 절지동물의 체절 옆에 있는 숨구멍.
○○ 뻣뻣하고 억센 털.

동애등에류의 유충은 주로 유기물 농도가 높은 곳에서 관찰되는데, 이러한 유기물 분해 능력을 음식물 쓰레기나 축산 분뇨 처리에 적용하는 산업화 연구가 진행 중이다. 성충은 4~10월경에 발생하고, 화장실이나 음식물 쓰레기 주변에서 쉽게 볼 수 있다. 최근에는 축산 분뇨를 처리한 유충을 동물 사료로 이용하는 연구가 진행되고 있다.

글. 권순직

(주)애일 부설연구소 소장. 동물학을 전공하고, 저서성 대형무척추동물 생태를 연구하면서 국립생태원, 국립공원연구원, 낙동강생물자원관, 국립환경과학원에서 진행하는 조사 및 연구 사업에 참여하고 있다. 저서로『물속 생물도감』이 있고 기후변화와 생물다양성 관련 논문을 다수 발표하였으며, 저서성 대형무척추동물의 하천 생태 연구를 진행 중이다.

동자개 ⓒ 성무성

class. 05

우포늪의 어류

다양한 생물의 서식처인 우포늪은 주변 지역의 축사나 농지에서 사용하는
퇴비, 농약 등의 비점오염원으로 수질 오염이 발생하면서
어류가 대량 폐사하는 사건이 발생하기도 했다.

하지만 여전히 우포늪에는 12과 30종의 어류가 확인되고 있는데,
대부분 유속이 느리고, 용존산소량이 낮은 습지 환경에서 잘 살아가는
내성종 어류가 확인되었다.

대표적으로는 잉어, 붕어, 떡붕어, 강준치 등의 대형 어류와
버들붕어, 송사리 등의 소형 어류가 서식하고 있으며,
생태계교란 생물로 지정된 배스와 블루길 2종의 서식도 확인되었다.

참붕어 ⓒ 김수환

참붕어
Pseudorasbora parva

분류 체계	Chordata 척삭동물문 > Actinopterygii 조기강 > Cypriniformess 잉어목 > Cyprinidae 잉어과 > *Pseudorasbora* 참붕어속
크기	6~8cm
분포	한국, 일본, 중국
형태	입은 작고 아래턱이 위턱보다 길어 위를 향한다. 입수염은 없고, 몸의 가운데에는 검은색 무늬가 세로의 띠 형태로 나타난다. 산란기 수컷의 주둥이와 눈 주변, 아가미 뚜껑에 추성이 빽빽하게 나타난다.

우포늪에 가장 많이 살고 있는 물고기

우포늪에 가장 많이 살고 있는 물고기는 참붕어로 상대풍부도(우포늪에서 조사된 어류 전체 개체수에서 대상 종이 조사된 개체수의 비율)가 24.1%이다. 5~8㎝ 정도 크기의 소형 어류인 참붕어는 유속이 느린 하천이나 저수지, 습지에 주로 서식하는 물고기이며, 수질 오염에 매우 강하다. 몸은 은색이지만 비늘의 뒷가장자리에 초승달 모양의 검은색 반점이 있어 몸 전체가 약간 검게 보인다. 산란할 때는 수컷이 얕은 장소에 있는 돌의 표면을 깨끗하게 청소하여 산란장을 만들고, 암컷이 산란하면 수컷이 부화할 때까지 알을 지키는 행동을 한다. 재래종 붕어를 외래종인 떡붕어와 구분하기 위해 '참붕어'라고 부르기도 하나, 이는 용어를 잘못 사용하는 것으로 재래종 붕어와 민물고기 참붕어는 전혀 다른 종이다.

우포늪에서 흔히 볼 수 있는 또 다른 어류는 붕어다. 상대풍부도가 20.9%

붕어 ⓒ 김수환

붕어
Carassius auratus

분류 체계	Chordata 척삭동물문 > Actinopterygii 조기강 > Cypriniformess 잉어목 > Cyprinidae 잉어과 > *Carassius* 붕어속
크기	10~30cm
분포	한국, 중국, 일본, 러시아
형태	체고가 비교적 높은 긴 타원형이며, 입은 작고 입가에는 수염이 없다. 서식지에 따라 체색은 달라지나 보통 녹회색이나 황회색을 띤다.

인 붕어는 참붕어에 이어 높은 서식 비율을 보여준다. 몸은 긴 타원형으로 입가에는 수염이 없어 형태가 비슷한 잉어와 구분할 수 있다. 주로 물이 고여 있거나 흐름이 느린 서식지를 택하며, 참붕어와 같이 오염에 강한 내성을 보인다. 잡식성으로 수초 등의 식물성 먹이나 수서동물, 유기물 등을 먹는다. 우포늪에는 재래종인 붕어가 다수 서식하지만, 외래종으로 일본에서 들여온 떡붕어도 서식하고 있다. 우리나라에는 1972년 도입되어 전국의 댐과 저수지에 방류되었고, 일부 저수지나 호수에서는 떡붕어가 붕어보다 많이 출현하기도 하지만 우포늪에서는 붕어가 월등히 우세하게 서식하고 있다.

우포늪에 많이 살고 있는 또 다른 물고기 강준치는 사람들에 의해 낙동강과 영산강에 도입되어 정착, 서식하고 있다. 강준치는 포식성과 공격성이 매우 높으며, 작은 어류나 수서곤충 등을 먹어 생태계 교란을 야기하는 사례도 있다. 특히 인위적으로 도입된 낙동강과 영산강에서는 큰 피해를 나타내고 있으며 우포늪에서도 2009년부터 확인되었고, 현재까지 높은 비율로 서식하고 있어 수생태계에 교란을 가져올 우려가 있다.

강준치
Erythroculter erythropterus

분류 체계	Chordata 척삭동물문 > Actinopterygii 조기강 > Cypriniformess 잉어목 > Cyprinidae 잉어과 > *Erythroculter* 강준치속
크기	40~50cm
분포	한국, 중국
형태	몸은 길고 옆으로 매우 납작하며, 머리는 작고 눈은 크다. 백조어와 매우 유사한 형태를 띠나, 배지느러미사이에서 항문까지 용골상의 융기맥이 있어 백조어와 차이를 보인다.

강준치 ⓒ 김수환

한때 멸종위기종이었던 백조어

백조어는 강준치와 매우 비슷한 외형을 가졌지만, 강준치와는 다르게 최대 크기가 25cm로 작고 주요 서식지는 영산강과 낙동강 지역이다. 환경부는 백조어를 2012년 멸종위기 야생생물 II급으로 지정하였다가, 2022년 개체군의 크기가 안정적으로 유지되자 멸종위기종에서 해제하였다. 우포늪에서는 2003년 조사부터 지속적으로 확인되고 있으며, 안정적인 개체군을 유지하고 있다. 외형이 비슷한 강준치와 백조어는 배에 있는 용골상의 융기맥으로 구분할 수 있다.

백조어
Culter brevicauda

분류 체계	Chordata 척삭동물문 > Actinopterygii 조기강 > Cypriniformess 잉어목 > Cyprinidae 잉어과 > *Culter* 백조어속
크기	20~25cm
분포	한국, 중국
형태	몸은 길고 옆으로 매우 납작하며, 머리는 작고 눈은 큰 편이다. 배쪽에 가슴지느러미 앞에서 항문까지 용골상의 융기맥이 있다..

백조어 ⓒ 김수환

미꾸리 ⓒ 김수환

습지를 대표할 수 있는 물고기, 미꾸리

일부 산지습지는 수량이 매우 적고, 심지어 특정 시기에는 물이 말라 약간의 수분만 남아 있는 건조한 환경이 만들어지기도 한다. 이러한 상황에서 대부분의 어류는 서식이 불가능하지만, 극한의 환경에서도 살아갈 수 있는 어류가 바로 미꾸리이다. 그 이유는 미꾸리가 독특한 호흡 체계를 가지고 있기 때문인데, 아가미로 호흡해야 하는 다른 어류와 달리 미꾸리는 아가미를 통한 호흡과 피부 및 창자를 통한 공기 호흡이 모두 가능하다. 즉 공기 중에 노출된 상태에서도 호흡이 가능하기 때문에, 다른 어류보다 습지 환경에 더 잘 적응할 수 있는 것이다. 또한 오염된 물에서도 견딜 수 있는 끈질긴 생명력을 가졌으며, 수질 정화에 이용되기도 한다.

미꾸리
Misgrunus anguillicaudatus

분류 체계	Chordata 척삭동물문 > Actinopterygii 조기강 > Cypriniformess 잉어목 > Cobitidae 미꾸리과 > *Misgurnus* 미꾸리속
크기	10~17cm
분포	한국, 중국, 일본
형태	몸은 가늘고 긴 원통형이며, 뒤쪽으로 갈수록 점차 옆으로 납작해진다. 눈 밑에는 안하극이 없고, 입가에 수염이 3쌍 있으며, 가장 긴 입수염도 눈지름의 2.5배를 넘지 않아 짧다.

미꾸리와 비슷한 미꾸라지도 우포늪에 서식하는 것으로 조사되었다. 미꾸리는 몸이 원통형이고 입수염의 길이가 짧은 데 비해, 미꾸라지는 몸이 옆으로 더 납작하고 입수염도 미꾸리에 비해 훨씬 더 긴 편이다. 또 미꾸리와 미꾸라지는 수컷의 가슴지느러미 기부에 있는 골질반 모양도 다르게 나타난다. 미꾸리의 골질반은 동그란 모양이지만, 미꾸라지의 골질반은 긴 사각형 모양으로 골프채와 비슷하다.

메기 ⓒ 김수환

우포늪의 신사, 메기와 동자개

우리나라 전역에 살고 있는 메기는 주로 물의 흐름이 느려 바닥에 진흙이 많은 하천, 저수지, 습지에 살며, 낮에는 주로 바닥이나 돌 틈에 숨어 움직이지 않지만 밤이 되면 활발하게 움직인다. 메기의 크기는 보통 10~30cm 정도지만, 큰 개체는 50cm가 넘기도 한다.

메기
Silurus asotus

분류 체계	Chordata 척삭동물문 > Actinopterygii 조기강 > Siluriformes 메기목 > Siluridae 메기과 > *Silurus* 메기속
크기	~60cm
분포	한국, 중국, 대만, 일본
형태	머리 앞부분은 원통형이나, 뒤로 갈수록 옆으로 납작해진다. 입수염은 매우 길고 윗턱과 아래턱에 한 쌍으로 존재하며, 몸에 비늘은 없다.

우포늪에 사는 또 다른 어류 동자개는 서해와 남해로 흐르는 하천에 분포하는데, 낙동강 수계에는 사람에 의해 인위적으로 이식되어 나타난다. 야행성으로 메기와 같이 낮에는 돌 틈 등에 숨어 있다가 밤에 나와 작은 물고기나 새우류 등을 먹는다. 동자개는 적을 만나면 가슴지느러미의 강한 가시를 뒤로 젖히고 지느러미 안쪽 관절을 마찰시켜 "빠가 빠가" 하는 소리를 내는데, 이 때문에 많은 사람들이 '빠가사리'라고도 부른다.

동자개 ⓒ 김수환

동자개 ⓒ 한반도의 생물다양성

동자개
Pseudobagrus fulvidraco

분류 체계	Chordata 척삭동물문 > Actinopterygii 조기강 > Siluriformes 메기목 > Bagridae 동자개과 > *Pseudobagrus* 동자개속
크기	~20cm
분포	한국, 중국, 대만, 시베리아
형태	머리는 위아래로 납작하고 입수염은 4쌍이며, 위턱의 수염이 가장 길다. 가슴지느러미와 등지느러미에는 강하고 날카로운 가시가 있다.

작지만 강한 물고기, 버들붕어

우포늪에 사는 어류는 대부분 강준치, 잉어, 메기, 가물치 등 덩치가 크고 포식성이 강한 물고기들이다. 하지만 덩치는 작아도 습지 환경에 잘 적응하여 살아가는 물고기가 있는데, 그중 대표적인 것이 버들붕어이다. 버들붕어의 학명은 '지느러미가 크고, 아가미 뚜껑 위쪽에 청록색의 둥근 점이 있다'는 의미로 명명되어, 버들붕어의 지느러미 모습을 잘 표현하고 있다. 버들붕어는 몸길이가 7cm 정도인 소형 민물고기로 버들잎처럼 얇고 납작한 모양 때문에 버들붕어라는 이름이 붙었다. 연못이나 웅덩이, 습지 등 물이 잘 흐르지 않는 하천의 수초가 많은 곳을 좋아하는 대표적인 물고기이며, 부성애가 강한 물고기로도 잘 알려져 있다.

버들붕어
Macropodus ocellatus

분류 체계	Chordata 척삭동물문 > Actinopterygii 조기강 > Anabantiformes 버들붕어목 > Osphronemidae 버들붕어과 > *Macropodus* 버들붕어속
크기	7cm
분포	한국, 중국, 일본
형태	몸은 옆으로 납작한 긴 타원형으로 머리와 눈은 큰 편이다. 주둥이 끝은 뾰족하게 앞으로 돌출되어 있으며, 옆줄은 없다.

버들붕어 ⓒ 성무성

블루길 ⓒ 김수환

블루길
Lepomis macrochirus

분류 체계	Chordata 척삭동물문 > Actinopterygii 조기강 > Perciformes 농어목 > Centrarchidae 검정우럭과 > *Lepomis* 파랑볼우럭속
크기	10~25cm
분포	한국, 북아메리카
형태	몸은 옆으로 납작하고, 어릴 때는 긴 타원형이지만 성장하면서 체고가 높아진다. 아가미 뚜껑 가장자리에는 날카로운 가시가 있으며, 제1등지느러미, 배지느러미, 뒷지느러미에도 날카로운 가시가 있다.

우포늪의 수생태계를 노리는 블루길과 배스

생태계교란 생물인 블루길은 몸길이 10~25cm 정도로 아주 크지는 않으며, 외형이 붕어와 닮아 과거에는 '월남붕어'라고 불리기도 하였다. 등지느러미와 배지느러미, 뒷지느러미에 강하고 날카로운 가시가 있어 블루길을 잡을 때는 주의해야 한다. 블루길은 물의 흐름이 느린 정수역, 하천의 중·하류부, 수초가 발달된 지역 등 비교적 수질이 나쁜 지역에서도 서식할 수 있어 우포늪은 블루길이 살아가기에 무척 좋은 환경이다.

우포늪에서 잘 살 수 있는 또 다른 물고기인 배스는 농어목 검정우럭과의 어류로 외형은 농어와 유사한 체형이며, 대형으로 성장한 개체는 50cm 이상까지 되는 큰 민물고기이다. 배스와 블루길 모두 강한 포식성과 공격성을 가지고 있어 함께 서식하는 토착 어류를 공격하고 포식하며, 특히 성장한 배스는 강한 어식성을 보여 토착 어류 개체군에 심각한 피해를 끼칠 수 있다. 블루길도 다른 어류가 낳은 알과 치어를 잡아먹어 어류 개체군에 피해를 준다. 또한 습지의 저서동물을 포식하여 자연적으로 분해되던 유기물이 남아 수질을 악화시키는 결과를 초래하기도 한다.

우포늪에서는 배스와 블루길이 잡히는 개체수가 서서히 줄어들고 있는 것이 확인되었다. 우포늪 어류 조사 결과를 분석해 보면 배스의 경우 2006년 65개체, 2009년 71개체가 확인되었고, 이후 2016년 3개체, 2019년 26개체, 2021년에는 확인되지 않았고, 가장 최근 조사인 2024년 조사에서도 12개체만 확인되어 배스의 개체수가 지속적으로 감소하고 있는 것으로 보인다. 블루길도 2006년 165개체, 2009년 573개체로 가장 많은 개체가 확

배스
Micropterus salmoides

분류 체계	Chordata 척삭동물문 > Actinopterygii 조기강 > Perciformes 농어목 > Centrarchidae 검정우럭과 > *Micropterus* 검정우럭속
크기	30~60cm
분포	한국, 북아메리카
형태	몸은 옆으로 납작하고 긴 방추형으로 전형적인 농어의 체형을 가진다. 머리는 크고 주둥이는 길며, 입은 커서 윗턱의 끝은 눈의 뒤를 지난다. 등쪽은 짙은 녹색을 띠며 불규칙한 반점이 있고, 배쪽은 흰색을 띤다.

배스 ⓒ 김수환

인되었으며, 2013년 6개체, 2016년 4개체가 확인되어 급격히 감소되었다가 2019년 조사에서 144개체가 확인되었고, 2021년에는 확인되지 않았으며 2024년 조사에서 34개체만 확인되었다. 블루길도 배스와 같이 개체수가 서서히 감소하는 것으로 추정된다. 하지만 이러한 추세가 반갑지만은 않다. 배스와 블루길의 감소 요인이 2009년부터 도입된 강준치에 의한 것은 아닌지 의심스럽기 때문이다. 우포늪에서 강준치는 2009년 9개체, 2013년 4개체로 소수만 확인되었으나 2021년 100개체, 2024년 2,143개체로 급격하게 증가하고 있기 때문이다. 강준치는 국내 종이긴 하지만 우포늪에서는 인위적으로 도입된 어류로 외래생물과 유사한 역할을 할 수 있다.

안타까운 우포늪의 어류 폐사

우포늪은 수심이 낮고, 물을 보관하고 있는 양에 비해 수면의 면적이 넓기 때문에 주변에서 들어오는 오염 물질 등으로 인해 부영양화가 일어나기 쉽다. 이는 우포늪만이 가지는 특징은 아니며, 습지 환경이 가지는 공통적인 양상이다. 하지만 우포늪에서는 부영양화, 용존산소의 급격한 감소 등의 이유로 어류의 대량 폐사가 일어날 수 있다. 실제 우포늪의 어류가 대량 폐사한 경우가 언론에 보도되며, 중요한 사회적 이슈로 부각되기도 했다.

우포늪의 어류폐사 모습 ⓒ 윤영진

담수어류 대량 폐사의 일반적 원인은 크게 세 가지로 구분할 수 있으며, 그 첫 번째는 생물학적인 요인인 바이러스, 세균, 곰팡이, 기생충 등이다. 이는 우포늪 같은 자연환경에서는 잘 발생하지 않고, 양식장 같은 곳에서 주로 일어난다. 두 번째는 화학적 요인으로 화학물질, 농약, 독극물 등에 의한 폐사이다. 이는 화학물질 유출같은 사고로 수생생물 전체를 사멸시키고, 하천 공사 등으로 인한 수질 변화나 영농 시기에 농약의 관리 부주의로 인한 하천 유입이 어류의 폐사를 야기한다. 세 번째 요인은 용존산소의 부족이다. 갑작스러운 강우로 오염 물질 등이 하천이나 습지로 급격히 유입되고, 습지의 바닥이 뒤집히면서 쌓여있던 유기물이 분해되어 급격하게 용존산소의 감소를 유발하는 것이다.

우포늪에서 일어나는 어류의 대량 폐사는 주로 봄철에 일어나며, 이는 용존산소의 부족이 원인으로 지목되고 있다. 우포늪에서 수거된 폐사체를 보면 붕어가 가장 많으며, 동자개, 강준치, 배스, 잉어, 가물치 등의 어류들이 주로 발견된다. 소형 어류도 폐사가 일어나지만 크기가 작아서 발견이 힘든 건지, 산소의 소모량이 더 많은 대형 어류를 중심으로 폐사가 일어나는지에 대해서는 더 많은 연구가 필요하다. 환경부는 우포늪에서 일어나는 어류 폐사의 정확한 원인을 규명하기 위해 지속적인 연구를 수행하고 있다.

글. 김수환

담수 어류 분류학을 전공한 뒤 주로 국내에 서식하는 담수 어류의 분류와 생태 및 서식지를 연구해 왔다. 국립생태원 외래생물팀에서 근무하는 동안 외래 어류를 연구하였고, 현재 습지연구팀 선임연구원으로 내륙습지 정밀조사 연구사업을 담당하며 습지와 하천에 서식하는 어류를 연구하고 있다.

생명의 습지, 우포늪　　우포늪에서 볼 수 있는 생물들

삵 ⓒ 정봉채

class. 06

우포늪에서 볼 수 있는 생물들
- 포유류, 양서류, 파충류

우포늪에는 수많은 식물과 곤충, 어류가 서식하며 이곳을 거쳐 가는
조류의 수도 상당하다.

그에 반해 종 수는 적고 주로 야행성이거나 경계심이 강해
사람 눈에 잘 띄지 않는 생물들이 있는데,
우포늪에서 서식하는 포유류, 양서류, 파충류가 그들이다.

삵
Prionailurus bengalensis

분류체계	Chordata 척삭동물문 > Mammalia 포유동물강 > Carnivora 식육목 > Felidae 고양이과 > *Prionailurus* 삵속
크기	몸길이 45~55cm, 꼬리 25~32cm
분포	한국, 러시아, 중국, 시베리아, 일본
특징	털색은 회갈색이며, 회백색 뺨에는 세 줄의 갈색 줄무늬가 있고, 황갈색의 뚜렷하지 않은 반점이 세로로 배열되어 있다. 멸종위기 야생생물 Ⅱ급종으로 산림이나 들판, 민가 주변 식생 지대에 서식하며 설치류, 조류 등을 사냥한다.

포유류

수달 ⓒ 정봉채

수달
Lutra lutra

분류 체계	Chordata 척삭동물문 > Mammalia 포유동물강 > Carnivora 식육목 > Mustelidae 족제비과 > *Lutra* 수달속
크기	몸길이 64~71cm, 꼬리 길이 39~49cm
분포	시베리아를 제외한 유라시아, 알제리, 모로코, 튀니지, 북아프리카
특징	멸종위기 야생생물 I급종으로 털은 암갈색이며 턱 아랫부분은 흰색이고, 송곳니가 발달하였다. 머리와 코는 둥글고 입 주변에 더듬이 역할을 하는 수염이 나 있다. 다리는 짧고 발가락 사이에 물갈퀴가 있어 수중생활에 적합하며, 야행성으로 시각, 청각 특히 후각이 발달되어 있다.

고라니 ⓒ 정봉채

고라니
Hydropotes inermis

분류 체계	Chordata 척삭동물문 > Mammalia 포유동물강 > Artiodactyla 우제목 > Cervidae 사슴과 > *Hydropotes* 고라니속
크기	몸길이 102-112cm, 꼬리 8cm 정도
분포	한국, 중국 동북부
특징	암수 모두 뿔이 없으며 수컷은 송곳니가 입 밖으로 튀어나온다. 새끼의 몸에는 작고 둥근 흰색 무늬가 있다. 산기슭의 풀숲 등에 살며 다양한 초본류를 먹는다. 12월에 짝짓기하고 6월 초순 2~6마리의 새끼를 낳는다.

너구리 ⓒ 정봉채

너구리
Nyctereutes procyonoides

분류 체계	Chordata 척삭동물문 > Mammalia 포유동물강 > Carnivora 식육목 > Canidae 개과 > *Nyctereutes* 너구리속
크기	몸길이 52~66cm, 꼬리 길이 15~18cm
분포	한국, 중국, 일본
특징	낮에는 굴속에서 자고 밤에 주로 활동한다. 다리가 짧고 몸이 비대해 빠르게 달리지는 못한다. 일정한 장소를 선택하여 배설하며, 개과 동물 중 유일하게 동면한다. 깊지 않은 산림이나 골짜기, 어류가 풍부한 습지나 개울이 많은 곳에서 서식한다. 5~6월에 4~5마리의 새끼를 낳는다.

양서류

※ 크기 : 주둥이 끝~총배설강까지 길이(Snout to Vent Length ; SVL)

한국산개구리 ⓒ 박승민

한국산개구리
Rana coreana

분류 체계	Chordata 척삭동물문 > Amphibia 양서강 > Anura 무미목 > Ranidae 개구리과 > *Rana* 개구리속
크기	3.5~5cm
분포	한국(제주도 제외)
출현 시기	2~10월
특징	한국 고유종으로 우리나라의 산개구리 중 가장 작고 윗입술 주둥이 전체에 흰 줄이 있다. 저지대 논, 습지, 연못에서 서식하며, 2~5월 사이 수컷이 울음소리를 내며 암컷을 유혹한다. 암컷은 200~500개 정도의 알 덩어리를 낳으며 집단 번식한다.

황소개구리 ⓒ 박승민

황소개구리
Lithobates catesbeianus

분류 체계	Chordata 척삭동물문 > Amphibia 양서강 > Anura 무미목 > Ranidae 개구리과 > *Lithobates* 황소개구리속
크기	8~20cm
분포	한국, 미국, 멕시코, 유럽, 말레이시아, 태국, 대만, 일본
출현 시기	4~10월
특징	생태계교란 생물이자 세계 100대 악성 외래생물 중 하나다. 몸 전체에 돌기나 융기선 없이 매끈하고 다양한 색의 반점이 있으며 머리와 주둥이 부분이 초록색이다. 저지대 저수지, 논, 하천, 강 주변에서 발견되며 번식력이 매우 강하다.

참개구리 ⓒ 박승민

참개구리
Pelophylax nigromaculatus

분류 체계	Chordata 척삭동물문 > Amphibia 양서강 > Anura 무미목 > Ranidae 개구리과 > *Pelophylax* 연못개구리속
크기	6~10cm
분포	한국, 러시아, 중국, 일본, 대만, 티베트
출현 시기	4~10월
특징	우리나라에서 가장 흔하게 볼 수 있는 개구리 종으로 개체변이가 매우 심하며, 고지대 산림부터 저지대 농지까지 다양한 지역에서 발견된다. 4월부터 7월까지 수컷이 울음소리를 내 암컷을 유혹하고 저수지, 논, 습지에 덩어리 형태로 뭉쳐진 알을 산란한다.

두꺼비 ⓒ 박승민

두꺼비
Bufo gargarizans

분류 체계	Chordata 척삭동물문 > Amphibia 양서강 > Anura 무미목 > Bufonidae 두꺼비과 > *Bufo* 두꺼비속
크기	6~15cm
분포	한국(제주도 제외), 러시아, 중국
출현 시기	2~10월
특징	몸 전체에 돌기가 있으며 눈 뒤에 타원형의 독샘이 있다. 개구리류에 비해 뒷다리가 짧아 엉금엉금 기어다닌다. 산림, 계곡에서 서식하고 2월부터 4월 사이에 저수지나 웅덩이에 집단 산란한다.

도롱뇽 ⓒ 박승민

도롱뇽
Hynobius leechii

분류 체계	Chordata 척삭동물문 > Amphibia 양서강 > Caudata 유미목 > Hynobiidae 도롱뇽과 > *Hynobius* 도롱뇽속
크기	5~7cm
분포	한국, 중국
출현 시기	2~10월
특징	둥근 머리를 갖고 있으며 눈이 돌출되어 있다. 수컷이 꼬리나 몸통을 흔들어 암컷을 유혹하고, 2월~4월 사이에 돌 밑이나 나뭇가지에 한 쌍의 알 주머니를 산란한다. 번식 후 산림지대나 농지에서 서식한다.

파충류

자라 ⓒ 함충호

자라
Pelodiscus maackii

분류 체계	Chordata 척삭동물문 > Reptilia 파충강 > Testudines 거북목 > Trionychidae 자라과 > *Pelodiscus* 자라속
크기	등갑 길이 11~25cm
분포	한국, 중국, 일본, 말레이시아, 미국, 독일 등
출현 시기	3~10월
특징	등갑의 빛깔이 다양하고 부드러운 가죽으로 덮여 있어 가운데는 딱딱하지만 가장자리는 말랑하다. 주둥이 끝의 코는 관 모양으로 가늘고 긴데, 보통 코끝만 수면 위로 내밀어 숨을 쉰다. 발가락 사이에 물갈퀴가 있으며, 수컷의 꼬리가 암컷에 비해 두껍고 길다.

능구렁이 ⓒ 함충호

능구렁이
Lycodon rufozonatum

분류 체계	Chordata 척삭동물문 > Reptilia 파충강 > Squamata 유린목 > Colubridae 뱀과 > *Lycodon* 능구렁이속
크기	몸길이 60~110cm
분포	한국(제주도 제외), 중국, 일본, 대만, 베트남
출현 시기	4~9월
특징	등면에는 적색과 흑색 가로 줄무늬가 규칙적으로 나타난다. 머리는 몸통에 비해 작고, 다른 뱀들에 비해 납작한 편이다. 야행성으로 낮에는 석축, 돌담, 고목 아래 등에 숨어 있다가 다양한 종들을 잡아먹는다.

유혈목이 ⓒ 함충호

유혈목이
Rhabdophis tigrinus

분류 체계	Chordata 척삭동물문 > Reptilia 파충강 > Squamata 유린목 > Colubridae 뱀과 > *Rhabdophis* 유혈목이속
크기	몸길이 60~100cm
분포	한국, 러시아, 중국, 일본
출현 시기	4~10월
특징	지역과 개체에 따라 체색 변이가 다양하고, 목덜미에서 시작되는 화려한 체색은 꼬리로 갈수록 희미해진다. 몸집이 크고 독이 있어 다른 뱀들은 잘 먹지 않는 두꺼비를 먹기도 한다. 살모사과 뱀들과 달리 작은 독니가 위턱 뒤쪽에 있다.

쇠살모사 ⓒ 함충호

쇠살모사
Gloydius ussuriensis

분류 체계	Chordata 척삭동물문 > Reptilia 파충강 > Squamata 유린목 > Viperidae 살모사과 > *Gloydius* 살모사속
크기	몸길이 25~50cm
분포	한국, 러시아, 중국
출현 시기	4~9월
특징	살모사과 3종 가운데 가장 작다. 지역과 개체에 따라 체색 변이가 다양하고, 몸통의 반점은 줄무늬로 나타나기도 한다. 머리 측면 위쪽에는 눈 뒤에서부터 목덜미까지 황백색 또는 백색의 가는 줄무늬가 있거나 희미하다.

줄장지뱀 ⓒ 함충호

줄장지뱀
Takydromus wolteri

분류 체계	Chordata 척삭동물문 > Reptilia 파충강 > Squamata 유린목 > Lacertidae 장지뱀과 > *Takydromus* 장지뱀속
크기	몸길이 10~14cm
분포	한국, 러시아, 중국
출현 시기	4~10월
특징	등면 비늘에 강한 용골이 있고, 꼬리 길이가 몸길이의 2.5배쯤 된다. 콧구멍부터 눈 아래를 지나 몸통과 꼬리까지 이어지는 백색 또는 황백색 줄무늬가 뚜렷하다. 주로 하천변 등 저지대에 서식한다.

아무르장지뱀 ⓒ 함충호

아무르장지뱀
Takydromus amurensis

분류 체계	Chordata 척삭동물문 > Reptilia 파충강 > Squamata 유린목 > Lacertidae 장지뱀과 > *Takydromus* 장지뱀속
크기	몸길이 12~16cm
분포	한국(제주도 제외), 러시아, 중국, 일본
출현 시기	4~10월
특징	생김새가 줄장지뱀과 비슷하지만 몸통 측면의 줄무늬가 없거나, 점선 형태로 일부 구간에만 있다. 측면 비늘은 등면과 달리 작은 알갱이 형태이다. 줄장지뱀에 비해 내륙 산지로 갈수록 관찰하기가 쉽다.

생태로 보는 우포늪 이야기

습지의 미래

습지의 가치
습지의 7가지 숨은 기능

통계로 보는 습지
우리나라 내륙습지를 한눈에

습지의 멸종위기종
습지를 더욱 소중하게 만드는 생물들

기후변화와 습지
기후변화가 초래하는 습지 리스크

습지 보호 노력 및 과제
습지 보호를 위한 현명한 관리

국내외 습지 복원 사례
모두 함께 고민해야 할 습지의 복원, 보전, 이용

습지의
7가지 숨은 기능

사람들이 습지의 중요성에 주목하고 그 가치를 조명하기 시작한 것은 고작 50여 년에 불과하다. 그 사이 급속도로 진행된 도시화, 산업화로 인해 전 세계의 습지는 지금도 빠르게 사라지는 상황이다. 보다 많은 사람들이 함께 깨닫고 지켜야 할 습지의 가치는 무엇일까?

01   기후 조절

탄소 에너지 저감이 전 지구적 화두로 떠오르는 지금, 습지가 지상에 존재하는 탄소의 40% 이상을 저장할 수 있다는 사실을 아는 이는 많지 않다. 지표면의 6%에 불과하지만 습지는 대기 중 탄소 유입을 차단해 지구온난화를 막고, 대기 온도 및 습도 조절 역할까지 하고 있다.

02 ──── 수질 정화

습지의 식물과 토양은 수질 내 인(P), 질소(N) 같은 과잉 영양소를 처리하고 농업·공업용수와 탄광 등에서 발생하는 하수의 유독 물질을 제거하는 능력을 갖추고 있다. 특정 습지식물은 주변의 수분 속 중금속을 100,000배 농도로 축적 가능하다는 보고도 있을 만큼 습지의 수질 정화 능력은 탁월하다.

03 자연재해 예방

갑작스러운 폭우로 개천이나 강의 물이 크게 불어나는 홍수는 범람과 침수로 큰 피해를 일으킨다. 하지만 습지는 1m²당 약 1.5m³(5.7l)의 물을 머금을 만큼 토사와 물 저장 능력이 뛰어나기 때문에 하천의 물이 하류로 흘러가는 속도를 늦춰 홍수를 막을 수 있다. 또 연안습지는 폭풍 같은 기상변화로부터 육지를 보호하고, 해상에서 유입되는 물질을 습지 내에 퇴적시키는 역할도 한다.

04 ── 재화 생산

아시아 여러 나라에서 주식으로 이용되는 벼는 습지식물이다. 이밖에도 습지는 어류, 패류 등 다양한 식량 자원을 비롯해 목재 등 각종 생활 필수품을 인간에게 제공해 준다.

05   **생물다양성 보존**

많은 영양분이 침전된 습지에는 다양한 미생물과 습지식물이 서식해 수많은 수서곤충과 어패류가 존재하며, 이를 먹이로 하는 물새나 양서·파충류, 소형 포유류까지 더해져 자연 생태계를 이룬다. 담수습지에는 전 세계 생물 종의 40% 이상, 포유류의 12% 이상이 서식한다는 보고가 있으며, 이 중에는 멸종위기종도 다수 존재한다.

06 생태 관광

훌륭한 자연경관을 지닌 습지가 국립공원이나 세계유산으로 지정·보호받으면서 이곳에 찾아와 휴식과 여가를 즐기려는 수요도 늘고 있다. 습지 탐사나 조류 관찰 등의 생태 체험 프로그램 활성화는 지방 자치 단체의 경제 수요 창출에도 크게 기여하고 있다.

07   **현장 교육**

습지의 자연 생태 체험을 통해 지형학, 고고학, 생물학 등 다양한 학문과 연계된 교육을 진행할 수 있다. 또 환경 오염 및 정화를 중심으로 자연 생태계 보전의 중요성과 필요성을 강조할 수 있다.

우리나라 내륙습지를 한눈에

습지가 지닌 중요한 공익적, 생태적 가치를 깨달았다면 우리나라 습지의 현황을 파악하는 것이 다음 단계이다. 2000년부터 20년간 국립생태원 습지센터에서 실시한 내륙습지 조사 결과를 바탕으로 살펴보고, 어떤 습지 보호 및 보전 정책이 필요할지 함께 고민해 보자.

※ 수록된 통계 수치는 모두 국립생태원 습지센터에서 2022년 발간한 <내륙습지 현황 자료집>을 기준으로 작성

잔존하는 습지 중 가장 많은 유형 Top 3

단위 : 개

2020년 기준 잔존하고 있는 습지
2,323개

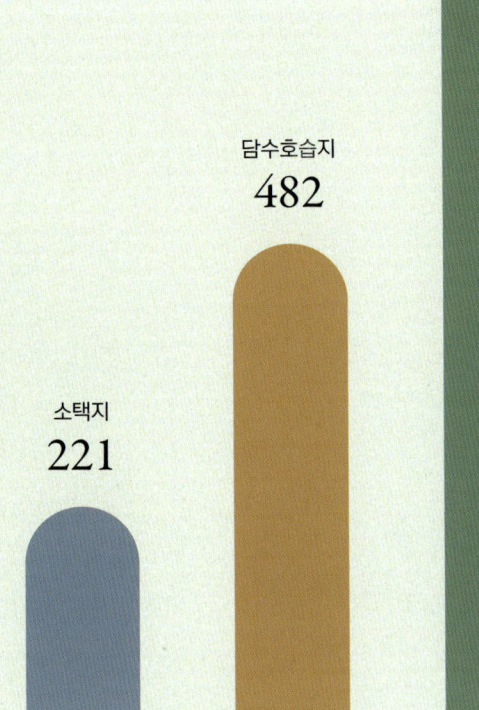

소택지 221
담수호습지 482
하도습지 879

내륙습지
개수의 변화

단위 : 개

2017년
2,499

2020년
2,323

3년간 감소된 내륙습지
176개

행정구역별 습지 개수가
많은 지역 Top 3

단위 : 개

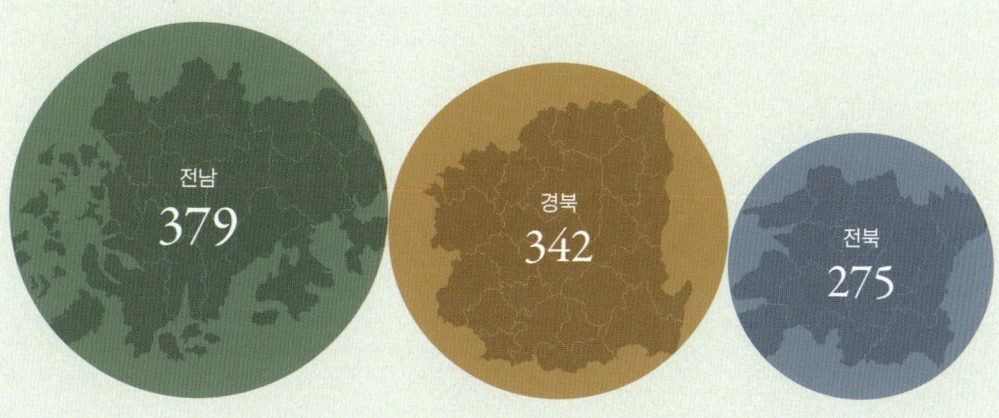

전남
379

경북
342

전북
275

습지의 미래 　　　　통계로 보는 습지

**발굴된 습지 중
가장 면적이 넓은 유형 Top 3**

단위 : km²

인공습지
7.7

습지 유형별
면적 비율(%)

내륙습지
92.3

하도습지
389.7

담수호습지
71.5

하구염습지
62.6

2020년 기준 발굴된 습지 면적
734.9 km²

습지 면적이 넓은 행정구역 Top 3

단위 : km²

전남
119.2

경기
117.1

경북
113.3

가장 큰 습지 vs 가장 작은 습지

단위 : m²

111

중천이물습지
제주특별자치도 제주시 한림읍 상명리

58,215,761.8

한강하구
경기도 고양시, 김포시, 인천시 강화군, 서울시

습지의 미래 　　통계로 보는 습지

가장 많은 생물종이
조사된 분류군 Top 3

단위 : 종

1,061개 습지에서 조사된 생물종
6,786종

● 곤충류　● 관속식물류　● 조류

조류
288

관속식물류
2,368

곤충류
3,623

| 조사된 습지 수 | 1,052 |
| 멸종위기 야생생물 수 | 43 |

조사된 습지 수	1,059
멸종위기 야생생물 수	24
생태계교란 생물 수	13

조사된 습지 수	1,009
멸종위기 야생생물 수	9
생태계교란 생물 수	4

분류군별 출현 빈도가 높은 생물 종

관속식물류 - 쑥
91.7%
쑥 ⓒ 백원기

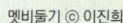

조류 - 멧비둘기
90.6%
멧비둘기 ⓒ 이진희

포유류 - 고라니
87.8%
고라니 ⓒ 한창욱

양서류 - 참개구리
93.0%
참개구리 ⓒ 이종남

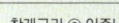

파충류 - 유혈목이
79.5%
유혈목이 ⓒ 유중길

어류 - 붕어
73.4%
붕어 ⓒ 고명훈

무척추동물류 - 물달팽이
60.0%
물달팽이 ⓒ 권순직

곤충류 - 아시아실잠자리
61.8%
아시아실잠자리 ⓒ 김중락

습지의 미래 　　통계로 보는 습지

습지에서 가장 많이 발견된
멸종위기 분류군 Top3

단위 : 종

1,061개 습지 중 멸종위기 야생생물이 서식하는 습지

390개

390개 습지에서 확인된 멸종위기 야생생물

116종

어류
19

관속식물류
24

조류
43

돌상어	17회
가는돌고기	15회
묵납자루	15회

가시연	26회
물고사리	10회
자주땅귀개	9회

흰목물떼새	113회
새호리기	85회
붉은배새매	61회

습지에서 가장 자주 발견된 생태계교란 생물(관속식물류) Top3

단위 : 회

1,061개 습지 중 생태계교란 생물이 서식하는 습지
1,017개

1,017개 습지에서 확인된 생태계교란 생물
22종

22종 중 환삼덩굴을 비롯한 관속식물류
13종

환삼덩굴
944

돼지풀
571

미국쑥부쟁이
419

미국쑥부쟁이 ⓒ 국립생태원 습지센터

돼지풀 ⓒ 국립생태원 습지센터

환삼덩굴 ⓒ 국립생태원 습지센터

습지의 미래　　　통계로 보는 습지

종 다양성이 높게 조사된 내륙습지 Top 3

한반도습지
1,422종

강원 영월 한반도습지 ⓒ 국립생태원 습지센터

동백동산습지
1,340종

제주 동백동산 먼물깍 ⓒ 국립생태원 습지센터

우포늪
1,333종

경남 창녕 우포늪 ⓒ 국립생태원 습지센터

습지의 미래 　　 습지의 멸종위기종

습지를
더욱 소중하게 만드는
생물들

모든 자연환경이 생물들에게는 삶의 터전이지만, 생물마다 선호하는 환경은 제각각이다. 특정 환경에서 더 잘 번식하고 오래 머무는 생물들이 있기 마련. 그렇다면 서식지 부족으로 점점 자취를 감추는 멸종위기종들의 경우는 어떨까. 생물다양성이 풍부한 습지에서 발견되는 멸종위기 야생생물을 알아보자.

식물류

전주물꼬리풀 *Dysophylla yatabeana*
제주도 해발 130m 정도의 저지대 풀밭에 형성된 습지에서 사는 꿀풀과 여러해살이풀이다. 습지의 매립과 환경 오염 등으로 서식이 위협받고 있다. 현재 한국적색목록 위기종(EN)인 동시에 멸종위기 야생생물 Ⅱ급종이다.

독미나리
Cicuta virosa

독미나리는 미나리과 여러해살이풀로 6~8월에 작은 백색 꽃이 핀다. 이름처럼 온몸에 유독 성분이 있어 어린잎만 나물로 먹었다고 한다. 북방계 수생식물이라 우리나라에서는 강원도 대관령 이북 일대에 분포하며 멸종위기 야생생물 Ⅱ급종이다.

자주땅귀개
Utricularia yakusimensis

통발과 여러해살이풀로 습지에서 살며, 포충낭이 있어 벌레를 잡아먹고 산다. 주로 남부지방에서 발견되는 습지식물인데 개발로 인해 자생지가 급격히 감소하였다. 한국적색목록 취약종(VU)이자 멸종위기 야생생물 Ⅱ급종이다.

물고사리
Ceratopteris thalictroides

양지바른 논이나 웅덩이, 수로 주변에서 자라는 한해살이 수생 양치식물로 우리나라 전라북도, 전라남도, 경상남도, 제주도 등에 자생한다. 세계적으로 일본, 중국, 타이완, 필리핀, 말레이시아, 폴리네시아, 남아프리카 등지에 분포하며, 멸종위기 야생생물 Ⅱ급종이다.

매화마름
Ranunculus trichophyllus var. *kadzusensis*

미나리아재비과의 한해살이 혹은 두해살이 수생식물이다. 논이나 주변 수로에 무리지어 사는데 수심에 따라 형태적 차이를 보인다. 우리나라 서해안과 동해안 일부 지역에 자생하지만 개발로 인해 자생지가 위협받고 있다. 한국적색목록 취약종(VU)이자 멸종위기 야생생물 Ⅱ급종이다.

조류

노랑부리백로 *Egretta eulophotes*

몸길이 약 68cm. 몸은 전체가 흰색이고 부리와 발이 노란색인데, 번식기에는 다리가 검은색을 띠고 머리에 긴 장식깃들이 생긴다. 해안의 만, 하구, 간석지, 갯벌, 논 등에서 서식하는 드문 여름 철새로 세계자연보호연맹에서 취약종(VU)으로 분류한 멸종위기 야생생물 I급종이다.

황새
Ciconia boyciana

겨울 철새로 몸길이는 약 112cm. 날개와 부리는 검고, 전체적으로는 흰색을 띠지만 눈 주위와 다리는 붉은색이다. 현재 야생 개체는 국내에서 번식하지 않으나 최근 인공 증식된 개체들이 방사되어 충남 일부 지역에서 번식한 기록이 있으며, 멸종위기 야생생물 I급종이다.

저어새
Platalea minor

서해안의 무인도서와 인천 연안 등지에서 번식하는 여름 철새다. 몸 전체가 흰색인데 부리는 검고 끝이 주걱 모양이며, 번식기에는 머리에 장식깃이 생긴다. 갯벌과 하구, 논 등의 얕은 습지에서 부리를 휘저으며 물고기나 새우류를 잡아먹는 멸종위기 야생생물 I급종이다.

물수리
Pandion haliaetus

등 쪽은 흑갈색, 가슴 쪽은 흰색이며 검은색의 눈선과 목띠가 있다. 날개의 폭은 좁으며 W자 모양으로 날개를 편다. 제주도와 남해안 일대에 월동하는 겨울 철새 또는 나그네새이며, 멸종위기 야생생물 II급종이다. 주로 수면 위를 날다가 정지비행 후 재빨리 낙하하여 물고기를 잡아먹는다.

알락꼬리마도요
Numenius madagascariensis

국내에는 봄과 가을 비교적 흔하게 통과하는 나그네새지만, 국제적으로 매우 희귀한 종이다. 몸길이 58.5~61.5cm며 갯벌과 해안가에서 게나 갑각류, 갯지렁이를 잡아먹는데 국내 갯벌의 매립으로 중간 기착지 기능이 축소되고 있다. 멸종위기 야생생물 II급종이다.

포유류

수달 *Lutra lutra*

식육목 족제비과의 포유류. 몸길이 64~71cm, 꼬리 길이 39~49cm이며 몸무게는 5~14kg 정도다. 하천이나 호숫가에서 물가에 있는 바위 구멍 혹은 나무 뿌리 밑이나 땅에 구멍을 파고 산다. 1~2월경 교미해 한 번에 2~4마리의 새끼를 낳는 멸종위기 야생생물 I급종이다.

하늘다람쥐
Pteromys volans

눈이 매우 크고 귀는 짧으며 폭이 넓다. 앞발의 발목에서부터 뒷발의 무릎 부위에 걸쳐 날개막이 있어 나무와 나무 사이를 이동하거나 땅으로 내려올 때 활강할 수 있다. 나무 껍질, 잎, 종자, 과실을 먹으며 제주도를 제외한 전국 내륙에 서식하는 멸종위기 야생생물 Ⅱ급종이다.

무산쇠족제비
Mustela nivalis

몸길이 16cm, 꼬리 길이 4cm 정도로 식육류 중 가장 작으며, 다리와 꼬리가 짧지만 점프하면서 잘 달린다. 여름에 적갈색이던 윗면의 체색은 겨울에 순백색으로 바뀐다. 작은 설치류와 개구리, 도마뱀, 곤충 등을 잡아먹고 상당히 큰 야생 조류도 습격한다. 멸종위기 야생생물 Ⅰ급종이다.

산양
Naemorhedus caudatus

우제목 소과에 속하는 포유류로 가파른 바위가 있거나 다른 동물이 접근하기 어려운 험준한 산악 지대에 서식한다. 2~5개체가 무리를 형성하기도 하는데, 대부분 한 지역에서 일생을 보내는 습성이 있다. 멸종위기 야생생물 Ⅰ급종이다.

양서류

수원청개구리 *Dryophytes suweonensis*
청개구리와 유사하여 외형적으로 구별하기 어려우나 수컷의 경우 목 부분이 노란색을 띠고, 울음 소리가 다르다. 한국 고유종이지만 농지 개발로 인해 개체수가 급격히 감소해 IUCN 위기(EN)종으로 평가되며 멸종위기 야생생물 I급으로 지정되어 있다.

금개구리
Pelophylax chosenicus

몸길이가 3.5~6cm인데, 암컷이 수컷보다 2~3배 더 크다. 눈 뒤에서부터 등면에 뚜렷한 두 줄의 융기선이 있다. 한국 고유종으로 경기도, 경상남도, 충청도, 전라북도에서 발견되며 멸종위기 야생생물 Ⅱ급종이다.

맹꽁이
Kaloula borealis

다른 무미양서류와 달리 머리와 네 다리가 작아 둥근 체형이다. 낮은 초지, 숲 가장자리에 서식하지만 대부분 땅속에서 지낸다. 6월경 장마가 시작되면 일시적으로 고인 물웅덩이에서 집단으로 울음소리를 내며 암컷을 유혹한다. 멸종위기 야생생물 Ⅱ급종이다.

고리도롱뇽
Hynobius yangi

도롱뇽, 제주도롱뇽과 형태적으로 비슷하나 이들에 비해 몸집이 작고, 꼬리 길이는 몸통 길이와 거의 같다. 경상남도 일부 지역에 분포하는 한국 고유종이자, 멸종위기 야생생물 Ⅱ급종이다.

파충류

구렁이 *Elaphe schrenckii*

몸길이는 1.1~2m로 우리나라에서 가장 큰 뱀이다. 몸통 전체에 가로줄 무늬가 있으며, 몸 색깔이 다양하다. 마을과 집을 지키는 영물로 알려져 왔으나 근래 잘못된 보신 문화로 남획되어, 멸종위기 야생생물 Ⅱ급으로 지정·관리되고 있다.

표범장지뱀
Eremias argus

유린목 장지뱀과에 속하지만 다른 장지뱀류에 비해 상대적으로 머리가 크고, 꼬리의 길이는 짧다. 주로 섬에 발달한 사구의 초지에서 서식하며 무더운 낮과 추운 밤에는 초지의 모래를 파고 들어가거나 돌, 고목 아래에 들어가 휴식한다. 멸종위기 야생생물 Ⅱ급종이다.

남생이
Mauremys reevesii

하천, 호수, 저수지, 연못에 사는 토종 담수성 거북으로 등갑 중앙과 양쪽 등면에 뚜렷한 용골이 3개 있고, 가장자리는 둥근 형태를 띤다. 머리의 측면에는 눈 뒤에서 목덜미까지 노란색의 불규칙한 줄무늬가 여러 개 있다. 천연기념물로 지정된 멸종위기 야생생물 Ⅱ급종이다.

비바리뱀
Sibynophis chinensis

전체 길이는 30~60cm 정도이고 등면은 황갈색, 적갈색이며 특별한 무늬가 없다. 방목지와 목장으로 이용된 해발 600m 이하의 초지대에 살며 줄장지뱀, 도마뱀과 같은 소형 파충류를 잡아먹는다. 4~10월까지 활동하고 이후에 동면하며, 멸종위기 야생생물 Ⅰ급종이다.

곤충류

노란잔산잠자리 *Macromia daimoji*
6~9월에 출현하는 다소 큰 잠자리로 흑청록색 바탕에 노란색 줄무늬가 있다. 주로 하천의 중상류에 서식하는데 유충의 서식처인 하천이 모래 채취 등의 인위적 개발로 감소해 한국적색목록에 멸종위기 범주로 평가되어 있으며, 멸종위기 야생생물 Ⅱ급종이다.

왕은점표범나비
Argynnis nerippe

날개 편 길이 54~72mm로 표범나비 무리 중에서 가장 크다. 낮은 산 풀밭이나 숲 가장자리에 살며 제비꽃류를 먹거나 개망초, 큰까치수염, 엉겅퀴 등의 꽃꿀을 빤다. 날개의 윗면은 주황색 바탕에 검은 무늬가 발달해 있다. 멸종위기 야생생물 II급종이다.

물방개
Cybister (Cybister) chinensis

야간 불빛에 날아오는 몸길이 35~40mm의 곤충이다. 수컷은 광택이 있으나 암컷은 없고, 앞머리의 양쪽에 오목하게 들어간 부위가 있다. 전국에 서식하지만 개체수가 감소하여 관찰이 쉽지 않은 멸종위기 야생생물 II급종이다.

대모잠자리
Libellula angelina

갈색 바탕의 몸에 검은 등줄을 갖고 있는데, 미성숙할 때는 옅은 갈색이다가 성숙하면서 짙어진다. 갈대와 같은 수생식물이 많고 유기물이 풍부한 연못과 습지에 서식한다. 현재 한국적색목록에 멸종위기 범주로 평가되어 있는 멸종위기 야생생물 II급종이다.

두점박이사슴벌레
Prosopocoilus astacoides blanchardi

딱정벌레목 사슴벌레과에 속하며 몸 색깔은 황갈색 또는 연한 갈색이다. 성충은 6~9월에 활동하며 비행성이 강하고 주로 상록활엽수림대에서 생활하며 활엽수 수액을 빨아 먹는다. 대체로 밤에 활동하며 낮에는 낙엽이나 토양 속에서 휴식을 취한다. 멸종위기 야생생물 II급종이다.

저서성 대형무척추동물류

두드럭조개 *Aculamprotula coreana*

석패목 석패과에 속하는 담수산 연체동물로, 둥근 패각은 담수 이매패류 중 가장 두껍고 단단하다. 둥근 난형으로 각피는 황색 바탕에 흑갈색을 띠고, 과립상의 굵은 돌기가 껍질의 뒤쪽에 많이 나타난다. 한국 고유종, 멸종위기 야생생물 I급종이다.

기수갈고둥
Clithon retropictum

하천이 바다로 유입되는 기수역에 서식하는 작은 고둥류이다. 패각은 높이와 폭이 10~15mm이며, 몸은 모두 4층으로 되어 있다. 물속에 자갈이 많고 어느 정도 유속이 있어야 하는 등 서식 조건이 까다롭고, 개체수 자체가 적어 멸종위기 야생생물 Ⅱ급으로 지정되어 있다.

염주알다슬기
Koreoleptoxis nodifila

다슬기과의 연체동물로 수심이 다소 깊고 유속이 빠른 곳에 서식하며, 서식지에 따라 각피의 색이 다양하게 나타난다. 우리나라 중북부 하천에 분포하나 보와 댐 건설 등으로 서식지가 파괴되고 있어 멸종위기 야생생물 Ⅱ급으로 지정되었다.

붉은발말똥게
Sesarmops intermedius

바다로 흘러드는 작은 하천의 돌담, 언덕, 풀밭 등에 서식한다. 갑각은 길이 30mm, 폭 35mm 정도이며 등면은 볼록하다. 걷는다리에는 흑갈색 센털이 나고, 손과 이마는 빨간색이다. 멸종위기 야생생물 Ⅱ급종이다.

흰발농게
Austruca lactea

십각목 달랑게과에 속하며 갑각은 앞이 넓고 뒤가 좁은 사다리꼴이다. 수컷의 집게다리 한쪽이 다른 한쪽에 비해 매우 크고 흰색이라 '흰발농게' 라 부른다. 갯벌 조간대 상부의 모래가 섞인 진흙 바닥에 수직으로 구멍을 뚫고 서식하며, 멸종위기 야생생물 Ⅱ급종이다.

어류

감돌고기 *Pseudopungtungia nigra*

맑은 물이 흐르는 자갈 바닥에 서식하며 4~6월경 유속이 완만한 곳의 돌 밑이나 바위틈의 꺽지 산란 장에 탁란하는 어류다. 몸길이 7~10cm로 길고 납작하며, 중앙 부위가 다소 높다. 체색은 흑갈색이고, 몸 옆에 넓은 검은색 띠가 있다. 한국 고유종, 멸종위기 야생생물 I급종이다.

한강납줄개
Rhodeus pseudosericeus

몸길이 5~7cm, 몸이 타원형으로 체고가 높고 납작하며 꼬리자루는 긴 편이다. 하천 중류의 유속이 느리고 갈대나 수초가 많은 지역에서 작은 동물과 식물, 유기물 등을 먹는다. 남한강 일부 지역에서만 발견되는 한국 고유종이며 멸종위기 야생생물 Ⅱ급종이다.

어름치
Hemibarbus mylodon

원통형 몸은 뒤쪽으로 갈수록 가늘어지고 주둥이가 길며, 한 쌍의 긴 수염이 있다. 체색은 등 쪽이 갈색이고 배 쪽은 은백색이다. 4~5월 산란기가 되면 웅덩이를 파고 바닥에 알을 낳는데, 산란이 끝나면 자갈을 모아 산란탑을 쌓아 올린다. 한국 고유종이자 멸종위기 야생생물 Ⅱ급종이다.

묵납자루
Acheilognathus signifer

몸길이 5~7cm 정도, 체색은 녹갈색 또는 암청색이며, 등 쪽은 진하고 배 쪽은 황색이 돈다. 하천 중상류의 흐름이 느리거나 여울과 여울 사이의 모래, 진흙, 자갈이 섞인 곳에 서식한다. 5~6월경 서식처의 바닥에 사는 조개에 산란하는 멸종위기 야생생물 Ⅱ급종이다.

돌상어
Gobiobotia brevibarba

잉어목 잉어과에 속하는 어류로 몸은 약간 길고 배는 편평하다. 몸은 옅은 노란색으로 등 쪽에 넓은 암색 반점이 있다. 큰 돌이 깔린 매우 빠른 여울에 서식하며 4~5월경 자갈 사이에 알을 낳는다. 임진강, 한강, 금강에 사는 한국 고유종이고 멸종위기 야생생물 Ⅱ급종이다.

기후변화가 초래하는 습지 리스크

기후변화의 위험에 대한 인식

이제 '기후변화'라는 단어는 누구나 쉽게 들을 수 있는 보편화된 용어이다. 하지만 우리가 기후변화에 대한 위기의식을 가지고 이를 완화하기 위해 노력해야 한다는 인식을 가진 것은 그리 오래되지 않았다. 1970년대 초, 우리는 환경적으로 안전하다고 믿었던 CFC 산업기체와 같은 화학물질이 대기 중에 노출되면 심각한 영향을 초래할 수 있다는 사실을 알게 되었다. 이것이 대기 중에 오랫동안 쌓이고, 그중 일부가 성층권에 도달하면 오존층을 파괴해 피부암이 증가하고 사람이나 동물에게 심각한 위험을 줄 수 있다는 것을 깨달은 것이다. 이후 1975년쯤 CFC 산업기체는 대기 중에서 막대한 자외선을 흡수하는 온실가스라는 것과 이 온실가스가 대기 중에 증가하면 지구의 온도가 올라간다는 것을 인식하게 되었고, 이러한 이유로 1977년 미 의회에서는 CFC를 금지하는 법안이 통과됐다.

본격적으로 기후변화 관련 활동이 시작된 것은 1988년 WMO, UN환경기구 과학자 등 전 세계 정부 대표로 구성된 IPCC가 창설되면서부터이다. 그리고 1990년 'IPCC 1차 보고서'가 나오면서 지구가 뜨거워지고 있다는 사실이 세상에 알려졌다. 여기에서 지구온난화가 자연적 과정인지, 원인은 온실가스인지, 21세기 중반에는 기온이 얼마나 상승할지 등에 대한 연구가 필요하다고 언급했지만, 안타깝게도 언론에는 거의 보도되지 않았다. 이 보고서가 강조되기 시작한 것은 2차 보고서가 나온 1995년부터이다. 그리고 1997년 교토에서 개최된 UN기후변화회의에서 교토의정서가 극적으로 채택되며 기후변화 대응을 위한 행동이 시작되었다.

기후변화로 인해 나타나는 현상들

지구온난화 때문에 지구가 과거에 비해 펄펄 끓고 있다는 말은 과장이 아니다. 우리나라는 물론 전 세계 곳곳에서 기후변화로 인한 이상기후가 나타나고 있기 때문이다. 대표적으로 태풍, 가뭄, 홍수, 폭설, 한파, 폭염, 열대야와 같은 현상들이 날이 갈수록 심각해진다는 소식이 많은 매체를 통해 보도되고 있다. 실제로 우리는 지난해 여름 너무나 안타까웠던 오송지하차도 참사를 생생하게 기억한다. 예상할 수 없을 정도로 갑자기 쏟아진 폭우가 주요 원인이었는데, 이런 참사는 태풍이 우리나라를 지날 때 많이 발생한다.

우리나라에 큰 피해를 가져온 역대 태풍 중 1위는 2002년에 발생한 태풍 루사이다. 루사는 강릉에 하루 강수량 870mm를 기록하며, 연평균 강수량의 60% 이상이 하루 만에 내려 5조 이상의 재산 피해를 남겼다. 2위는 2003년에 발생한 태풍 매미, 3위는 2006년에 발생한 에위니아로 모두 엄청난 피해를 주었다. 이러한 태풍들은 대부분 21세기 들어서 발생했으며, 역대 가장 길었던 장마도 2000년에 발생했다.

그런데 요즘은 기후변화로 인해 겨울철이나 봄철에 한파와 폭설도 자주 발생한다. 2018년 평창 동계올림픽은 평창의 낮은 위도에도 불구하고 유례없는 추위 속에 올림픽이 개최되었다. 또한 2016년 1월에는 폭설로 인해 제주 공항의 활주로가 2박 3일간 완전히 폐쇄되는 일도 있었다. 혹자는 지구온난화로 따뜻해져야 하는데, 왜 한파가 발생하느냐고 반문하지만, 이것도 지구온난화에 의해 일어난 현상이다. 북극 상공의 극소용돌이는 북극이 추우면 추울수록 찬 공기를 꽉 조이지만, 북극의 평균 기온이 상승해 극소용돌이가 평소보다 헐거워지면 상대적으로 찬 공기가 중위도까지 남하해 우리가 사는 중위도 지역에 폭설이나 한파가 발생하는 원리인 것이다.

이 외에도 기후변화로 인해 10월에 불볕더위가 발생하여 관측 이래 최고 기록을 경신하고, 5월에 강원 지역에 폭설이 내리는 이상기후들이 발생했다. 최근 기후변화로 인한 이상기후는 더 자주 발생하고 있으며, 그 피해도 점점 커지는 상황이다.

기후변화에 취약한 습지

생물다양성 손실은 인류의 생존을 위협하는 위험 요인이 될 수 있다. 인류는 의식주, 음식물, 의약품, 산업용 산물 등 생존에 필요한 많은 것들을 생물다양성의 구성 요소로부터 획득하고 있기 때문이다. 미국의 경우 조제되는 약의 25%가 식물로부터 추출된 성분을 포함하고 있으며, 아시아의 전통 의약품 생산에도 5,100여 종의 동식물이 사용되고 있다. 하지만 최근 기후변화로 인해 생물다양성이 파괴되고 있으며, 이러한 추세가 지속된다면 인류의 생존에 큰 위협이 될 것이다.

기후변화는 습지에도 큰 영향을 미친다. 특히 습지는 다양한 가치를 지닌 자연환경이기에 우려가 더욱 크다. 습지는 동식물의 서식처로 생태학적 가치가 높으며, 태풍이나 해일 같은 기상재해를 줄여주는 자연의 방파제 역할을 한다. 홍수가 발생했을 때는 물을 머금어 지하수를 보충해주고, 가뭄에는 물을 공급하는 스펀지 역할도 한다. 특히 습지식물은 온실가스인 이산화탄소를 숲보다 2~7배 높게 흡수하는 것으로 알려져 있다. 기후변화 대응 측면에서 보면 습지는 어떤 생태계보다 중요한 역할을 하는 것이다.

그런데 이런 습지가 점점 줄어들고 있다. 기후변화를 예측한 논문의 연구 결과에 의하면, 기후변화가 이대로 지속된다면 21세기 후반 우리나라의 기온은 약 4.6도 상승, 강수량은 약 30% 증가할 것으로 나타났다. 그런데 영국의 스턴보고서에는 기온이 약 4도 상승하면 전 세계 생물 종의 20~50%가 멸종할 수 있다고 예측되어 있다. 이는 기온 상승이 여러 습지식물에게도 멸종을 가져올 수 있다는 것을 의미한다. 강수량이 증가하면 습지 보전에 도움이 될 것 같지만, 극단적인 강수의 발생은 오히려 피해를 증가시킨다.

특히 필자가 연구한 21세기 후반 강수량의 극한사상 분석 결과에 의하면, 현재 겨울철에는 발생하지 않는 일일 강수량 100mm, 130mm도 미래에는 발생할 수 있을 것으로 보인다. 이를 기반으로 습지를 선호하는 식물 489종을 통해 내륙습지의 기후변화 리스크를 분석해본 결과, 현재 상태로 기후변화가 지속된다면 습지생물의 5%가 위험하다는 결과를 얻었다. 뿐만 아니라 기후변화는 수생태계 동식물의 10% 정도를 위험하며, 토양 습도에 따른 서식지 악화에서는 26%의 습지가 위험하다는 결과를 나타내고 있다. 이러한 연구 결과들은 기후변화가 습지와 그 안의 생태계에 부정적 영향을 미칠 수 있다고 경고하는 것이다.

현재 기후변화는 전 세계에서 진행되고 있으며, 이로 인한 영향 또한 다양하게 발생하고 있다. 생태계의 중요성에 대한 인식을 기반으로 습지 보전에 지속적인 관심을 갖고 대응책을 마련해나갈 때, 우리는 기후변화를 슬기롭게 이겨낼 수 있을 것이다.

습지의 미래   습지 보호 노력 및 과제

습지 보호를 위한
현명한 관리

국토의 3면이 바다와 접한 우리나라는 국제적으로 보호할 가치가 있어 지정된 람사르 습지 18곳을 포함하여 다양한 습지가 분포되어 있다. 하지만 환경·사회·경제적으로 매우 중요한 자연자산인 습지에 대한 인식 부족 때문에, 90년대 중반까지 농지 확보와 간척사업을 명분으로 많은 습지가 훼손되었다. 이렇게 손실된 습지의 회복은 불가능에 가까워 무엇보다 보전과 관리가 중요하기에, 우리나라 습지 보호를 위한 노력과 과제에 대해 논의하는 자리를 마련해 보았다.

김기동 국립생태원 습지센터장 (이하 김)

2014년 국립생태원 생태정보팀장으로 입사해 생태정보 분석, 생태 정보 플랫폼 EcoBank(nie-ecobank.kr) 설계 및 구축, 생태자연도, 생태모방, LMO 연구, 외래생물연구 등을 총괄 관리했다. 10여 년의 IT 기업 경력과 30여 년의 공간정보 처리·분석 연구 경험을 바탕으로 2024년부터 국립생태원 습지센터장을 맡고 있다.

김이형 공주대학교 스마트인프라공학과 교수 (이하 형)

2002년 미국 UCLA에서 박사학위를 받은 뒤 2003년부터 공주대학교 스마트인프라공학과 교수로 재직하고 있으며, 2024년까지 (사)한국습지학회 회장을 맡고 있다. 자연 기반 해법(Nature-based Solutions, NbS)과 관련하여 국내외에 250여 편의 논문을 게재하였으며, 『습지학』의 공동저자로 환경부 환경산업기술원의 '탄소 흡수 습지 가치 증진 기술' 연구단 단장을 맡고 있다.

서승오 동아시아람사르지역센터장 (이하 서)

2006년부터 시작된 동아시아람사르지역센터의 설립 준비 시기부터 현재까지 재직하고 있으며, 2016년부터는 센터장을 역임하고 있다. 센터를 통해 '세계습지센터 네트워크 아시아 오세아니아(WLI-Asia Oceania)', 세계습지연구자학회 아시아 챕터(SWS Asia Chapter), 습지도시 네트워크(Wetland City Network) 등 다수의 국제적 네트워크 사무국 대표로 활동하고 있다. 람사르 협약 관련해서는 습지도시 인증제도 독립자문위원회 위원으로 활동하고 있다.

먼저 우리나라 습지의 특징에 대한 간략한 설명 부탁드립니다.

㉡ 우리나라 습지의 대표적 특징은 그 유형이 다양하다는 것입니다. 한반도의 지형적 특징과 계절 변화에 따른 강수량의 차이, 논농사와 밭을 일구는 경작 문화 등의 영향으로 습지의 형성과 이용에 따라 여러 형태의 습지가 분포하고 있습니다.

㉣ 경작 문화로 인한 우리나라 습지의 특징이 우리에게는 익숙한 풍경으로 기억될 겁니다. 쌀을 주식으로 하는 아시아지역에서는 하천 주변의 습지들을 논으로 개발하는 경우가 많아서, 하천과 둑으로 나뉘어진 농경지 형태로 남아있는 경우가 대부분이죠. 이것은 연안습지에서도 유사하게 나타납니다. 연안의 갯벌이나 맹그로브숲을 매립해 농경지로 만들어 사용하는 경우가 흔했고, 우리나라에서도 연안지역을 지나다보면 둑으로 둘러싸인 농경지들을 쉽게 볼 수 있습니다.

㉢ 그래서 우리나라의 경우 하천 변 홍수터나 분지 저지대 등에 형성되는 습지는 드뭅니다. 또 지형적 특성상 자연호수가 거의 존재하지 않기 때문에, 극히 일부의 산지습지를 제외하고는 자연호수 기반 습지도 드물고요. 외국의 경우 목축업이 주로 행해지는 지역에서는 지형적 변화가 거의 일어나지 않기 때문에 분지습지, 홍수터습지 등이 많고 이탄습지의 특성도 가지고 있습니다. 화산이나 단층 활동으로 형성된 습지도 다수 존재하는데, 우리나라는 이렇게 형성된 습지보다는 소수의 자연적 호수 기반 습지와 함께 지형적 특성으로 형성된 서해안과 남해안의 기수습지, 연안습지 등이 존재하는 상황입니다.

우포늪의 유채꽃

습지 관련 분야를 대표하는 분들이 가장 애정을 갖는 습지는 어디일지 궁금합니다.

㉢ 저는 2011년경, 습지 연구를 위해 처음 접했던 대암산 용늪(인제군)을 좋아합니다. 용늪에 갔을 때 굉장히 아늑하고 신선하다는 느낌을 받았거든요. 산지습지가 갖는 지형적 특징 때문이었겠지만, 당시 조사 시기가 4월 말쯤이어서 아직 추위가 남아있을 때였는데 눈이 맑아지는 듯한 기운을 받고 왔습니다. 하천습지와 연안습지가 주는 매력도 비교할 수 없이 소중합니다만, 그때 만났던 용늪이 유독 기억에 남습니다.

㉣ 저는 형성 조건이나 생물다양성 등을 종합해 볼 때, 한국을 대표하는 습지라고 할 수 있는 창녕 우포늪을 좋아합니다. 우포늪은 저지대의 범람원으로 수중생태계와 육상생태계가 연계되어 있는 아주 중요한 습지죠. 특히 이러한 특성은 생명체에게 서식처와 은신처의 기능을 동시에 제공하기 때문에 우포늪은 생태계의 보고라고 할 만큼 생물다양성이 풍부합니다. 또 낙동강 하류와 중류를 연결하는 중요한 위치에 있어서 다양한 조류의 서식처가 되기도 하니 우포늪은 우리에게 아주 중요한 습지입니다.

㉤ 저 역시 가장 많이 방문했고, 그때마다 다른 모습을 보여주는 우포늪과 순천만을 좋아합니다. 앞으로도 이 습지들이 계절의 변화에 따라 보여주는 각기 다른 모습, 해가 떠서 질 때의 색 변화 등 다양한 모습을 보기 위해 자주 찾을 예정입니다.

얼마 전 2100년이면 우리나라 습지 10곳 중 8곳은 사라질 것이라는 예측이 나왔습니다. 우리나라 습지 보전에 가장 큰 위협 요인은 무엇일까요?

㉤ 70년 이후를 이야기하기에 앞서, 지난 70년을 돌아보면 그동안 습지는 어땠을까요? 70년 이후보다 더 안전했을까요? 람사르 협약은 『지구 습지 전망(Global Wetland Outlook)』이라는 책을 통해 습지의 과거, 현재, 미래를 예측하고 있습니다. 여기서 제가 주목했던 부분은 1970년대 이후 과학자들의 정확한 데이터에 의하면 전 세계 습지의 35%가 소실되었다는 점입니다. 그런데 이 35% 소실의 주 원인은 인간에 의한 개발과 매립이었어요. 앞으로 70년 동안 기후변화로 인한 자연적 소실이 클 거라는 우려가 많지만 저는 개인적으로 인간에 의한 위협이 더 클 것이라고 보기 때문에, 기후변화에 대한 대응과 더불어 습지에 대한 사람들의 인식을 변화시키는 작업이 병행되어야 한다고 생각합니다.

㉢ 우려하신 것처럼 하천습지와 연안습지는 주거지와 인접해 있고, 범람원의 토양은 비옥하기 때문에 경작이나 어로 활동이 계속되어 개발 압력에 매우 취약한 상황입니다. 특히 홍수, 범람 등의 수해 예방을 위한 수자원 관리 계획에 습지 보전을 고려하는 내용이 누락되는 경우가 많아서 기능을 상실하거나 훼손되는 습지도 증가하고 있고요.

우포늪의 아침

> 우포늪은
> 저지대 범람원으로
> '생태계의 보고'라고 할 만큼
> 생물다양성이 풍부합니다.

㊕ 덧붙이자면 습지는 자연적 물 공급이 중요한데, 우리나라는 내륙과 연안지역 개발로 자연적 물순환 왜곡이 심각해서 물 공급이 크게 위협받고 있는 상황이에요. 여기에 기후변화와 극한기후까지 큰 영향을 주고 있기 때문에, 자연적 물순환의 회복과 습지 복원력을 강화하는 노력이 선행되어야 합니다.

㊀ 그러기 위해서는 종합적인 관리·보전계획을 수립해 일관성 있게 지켜나가는 것이 필요하죠. 그리고 습지의 가치와 기능, 역할에 대한 정량적 결과를 도출하는 연구를 지속적으로 병행해서 보전의 근거를 명확히 하는 것도 중요합니다.

㊕ 그래서 습지가 주는 생태계서비스에 대한 가치 평가부터 시작되어야 하는 겁니다. 환경부나 지자체는 국내 대학, 연구기관과 협력하여 다양한 센터를 육성하고, 이를 통해 습지 가치 평가 및 복원 연구, 습지 교육 및 습지 관리 등을 수행할 필요가 있죠. 특히 보존 대상 습지별 석·박사급 연구원을 필수적으로 고용해 정밀연구가 수행되도록 해야 합니다. 습지별 지역 거버넌스 구축과 지속적인 재정지원 정책도 필요하고요.

우리가 참고하면 도움이 될 만한 해외의 습지 보전·활용 모범 사례나 정책이 있다면 소개해주세요.

㊀ 최근 접했던 미국의 사례가 굉장히 인상 깊었습니다. 미국은 오랜 역사를 거쳐 습지복원법이나 습지총량제를 비롯해서 습지 보전에 관한 폭넓은 제도를 갖추고 있고, 관리 체계 역시 US EPA(미국 환경보호청, Environmental Protection Agency) 주관하에 일관성 있게 정비되어 있습니다. 우리나라의 경우 환경부, 해양수산부, 국토교통부, 산림청, 농촌진흥청 등 중앙 부처와 각 지자체가 별도로 습지나 수원을 관리하고 있거든요. 습지의 효율적 관리 측면에서 미국은 우리에게 좋은 사례가 될 겁니다.

㊕ 저는 생물다양성, 수질 정화, 생태 관광 등 높은 생태계서비스 기능을 가진 캐나다 퀘벡주의 세인트로렌스강 유역(St. Lawrence Valley)의 습지와 높은 생물다양성을 가진 프랑스 남부의 론강 하류 습지에 주목하고 있습니다. 이러한 습지들은 연구센터와 거버넌스 운영, 관리 수행 등

이 국가적 차원에서 조직적이고 안정적으로 수행되고 있죠. 또 연구센터에서 도출되는 습지생태계 가치평가는 습지 가치의 지속적 증진과 생태관광 발전에 중요한 근거로 활용되고 있습니다. 특히 습지 관리에 지역주민이 참여해 습지의 문화적 효율성을 높이고 지역경제에 기여하는 등 여러 부대 효과까지 도출하고 있습니다.

㉮ 습지보전법을 기반으로 탄탄하게 잘 갖추어진 우리나라 습지 정책도 다른 나라에 귀감이 될 만한 사례입니다. 단지 개별 습지의 관리에 아쉬운 부분이 있는데, 습지별로 전문화된 관리자를 두고 있지 않아서 디테일에 약간의 공백이 있다고 할까요? 이런 부분을 보완한다는 점에서는 홍콩 마이포의 사례가 좋을 것 같습니다. 홍콩은 정부에서 갖추지 못한 전문성을 보완하기 위해 'WWF 홍콩'이라는 민간 보전단체에 마이포 습지의 보전을 위탁했습니다. 관리에 대한 전반적 권한은 홍콩 정부가 갖되, 실질적 관리는 WWF 홍콩의 주도하에 이루어지는 구조이죠. 이런 시스템은 개별 관리에 보완이 필요한 우리나라에 적합할 것 같다는 생각입니다.

영국의 습지 야생동물 보호구역(WWT Slimbridge)

해외에는 기존의 습지를 복원·분석하고, 새로운 인공습지를 만드는 습지 관련 스타트업이 주목받는 사례가 있다고 합니다.

㊂ 스타트업이라는 사업 형태보다는 전문화된 조직이나 기관에 의해 이루어진다고 봐야 할 겁니다. 예를 들면, 영국의 WWT(Wildfowl and Wetland Trust)는 야생조류와 습지를 보전하기 위한 민간 신탁으로, 1940년대에 설립되어 영국 내 10여 개의 습지를 직접 연구·관리하면서 이론적 전문성과 실질적 경험을 쌓아온 세계적인 전문기관입니다. WWT는 이를 바탕으로 습지 복원 및 관리를 직접 수행하거나, 복원을 위한 디자인이나 체계적 관리를 위한 시스템 구축 등에 대한 자문 역할도 하죠.

㊅ 영국뿐 아니라 미국, 프랑스, 독일 등 선진국에서는 중요 습지별 연구센터와 전문가가 연계되어 습지의 가치 평가, 습지의 복원과 관리에 대한 활동을 수행하고 있습니다. 이와 함께 습지의 생물자원 복원과 조성 기술에 대한 기술을 지원함으로써 습지산업, 습지탄소산업, 습지생물산업을 양성하고 있죠. 특히 국가적으로 이행하여야 할 UN 지속가능발전목표(SDGs), 생물다양성협약 및 기후변화 체제에 대한 습지 기여 항목을 도출해 산업화로 연계하고 있습니다. 우리나라도 환경부에서 관련된 연구를 수행하는 것으로 알고 있어요.

㊎ 환경부는 2022년부터 국가 R&D로 산하기관인 한국환경산업기술원(KEITI)이 발주해 '습

순천만

> "습지에 대한 사람들의 인식을 변화시키는 작업이 병행되어야 한다고 생각합니다."

지생태계 가치 평가 및 탄소흡수 가치 증진 기술 개발 사업'을 2026년까지 진행합니다. 이 연구의 결과로 인공습지 조성과 복원에 대한 신기술과 습지의 가치를 정량적으로 평가하는 기술이 도출될 것으로 기대하는 상황이고요. 이 사업을 통해 유의미한 성과가 도출된다면 이를 활용할 스타트업이 등장하겠죠?

습지 보전과 복원을 위해 일반인들 대상으로는 어떤 노력을 할 수 있을까요?

형　물은 생명의 기본입니다. 사람은 물론이고 모든 생명체의 몸은 70~90%가 물로 형성되어 있기 때문이죠. 그래서 물이 있는 습지를 '생명의 보고'라고 칭하기도 합니다. 이런 습지는 하나의 생태계로 지지 기능, 공급 기능, 조절 기능, 문화 기능과 같은 다양한 생태계서비스를 누리게 해줍니다. 하지만 우리는 일상 속에서 습지가 주는 다양한 생태계서비스 기능을 인지하지 못하는 것이 근본적인 문제죠.

김　일반인들은 습지의 여러 가치 중 경관적, 심미적인 것에만 의미를 부여하는 것으로 보여요. 아무래도 눈으로 보고 경험할 수 있는 부분이라 그렇겠지요. 하지만 습지는 다양한 기능과 가치를 가지고 있기 때문에, 습지를 현 세대와 미래 세대가 공유해야 하는 자원으로 인식하는 국민적 공감대 형성이 중요합니다. 이를 위해서는 우리 동네 습지 알리미 홍보 SNS를 공유하고, 지역별 습지의 탄소 흡수·저장량 알림판 설치를 요청하는 적극적인 자세가 필요하죠.

형　말씀하신 활동들을 통해 형성된 공감대를 바탕으로, 습지가 주는 생태계서비스를 발굴해 이용할 수 있도록 하는 것이 습지 보전의 첫걸음이 될 겁니다.

서　직접 이용해보는 것이 가장 잘 알게 되는 방법이니까요. 주변에 있는 습지들을 자주 방문하는 경험을 통해 습지를 우리 삶의 일부분으로 인지하는 것이 가장 좋은 보전법이라고 생각합니다. 지금까지 소실된 수많은 습지들은 쓸모없는 버려진 땅으로 인식되었기 때문에 사람들의 관심 밖으로 사라졌습니다. 만약 우리가 습지를 인간에게 이로운 생태계서비스를 제공해 주는 곳으로 인식한다면, 어떤 상황에서도 습지를 훼손하는 결정을 내리기는 쉽지 않을 것입니다.

습지 관련 학계와 기관을 대표하는 분들로서, 지금까지 습지 보호를 위해 노력했던 부분들과 앞으로 해야 할 일들은 무엇이라고 생각하시는지요.

㊗ 습지 보호를 포함해 환경 교육은 미성년 시기인 유치원, 초등학교, 중·고등학교에서 수행하는 것이 가장 타당합니다. 그러나 현재 정규교육에서 습지의 가치에 대한 교육이나 교육 활동은 거의 전무한 상태라고 볼 수 있어요. 오히려 학교보다 환경단체나 습지 관련 기관에서 성인을 대상으로 교육을 수행하고 있지만, 지속성이 낮아 효과에 대해서는 의문이 듭니다. 현재 상황에서는 무엇보다 습지가 주는 생태계서비스에 대한 학교 정규교육이 필요하다고 보여져요. 더불어 습지 관련 퇴직 연구원이나 교수들을 습지해설사로 육성하는 과정도 하나의 방법이 될 수 있다고 봅니다.

㊗ 저 역시 학교 교육을 통해 습지의 중요성을 알리는 것이 중요하다고 생각합니다. 그래야 습지의 필요성에 대한 국민들의 인식이 긍정적으로 바뀔 테니까요. 또 습지 주변의 지역민들에게 관련 교육이나 습지 관련 의사결정에 참여하는 기회를 주는 것도 필요하다고 생각합니다. 자신의 결정에 대해 주인의식을 갖고 습지가 주는 혜택을 이해한다면, 보다 쉽게 습지를 우리 삶의 일부로 받아들일 수 있지 않을까요?

㊗ 말씀하신 차원에서 국립생태원 습지센터는 지역 주민과 함께하는 습지보전사업 발굴 및 지역 습지방문자센터 운영 활성화를 위한 컨설팅 등을 꾸준히 진행하고 있습니다. 또 작년까지 진행되었던 습지 시민과학 활동을 보다 체계적으로 수행하고 결과를 공유하기 위해 여러 가지 논의를 진행하고 있고요.

㊗ 제가 소속되어 있는 동아시아람사르지역센터는 동부지역 아시아 즉, 동쪽으로는 일본, 서쪽으로는 인도, 북쪽으로는 몽골, 남쪽으로는 인도네시아까지 18개국을 업무 영역으로 삼고 있습니다. 해당 국가들의 람사르 협약 및 습지 관리에 관한 교육 프로그램 운영, 습지보전사업에 대한 소규모 기금 지원, 아시아지역 습지 관련 이해당사자 간의 네트워크 운영 등을 주요 사업으

"
습지를 현 세대와
미래 세대가 공유해야 하는
자원으로 인식하는
국민적 공감대 형성이
중요합니다.
"

로 하고 있죠. 특히 현재 아시아지역에서는 가장 체계화된 습지 관리 교육을 진행하고 있고, 지난 10여 년간 발간해 온 습지 관리에 관한 교육 자료들이 각 국가의 언어로 번역되어 현장에 적용되는 모습을 보면서 보람을 느끼고 있습니다.

(김) 올해 람사르 사무국의 슬로건이 '습지와 인류의 안녕(Wet lands and human wellbeing)'인 것으로 알고 있습니다. 이 방향성과 '자연생태계 보전과 생태가치 확산으로 지속가능한 미래 구현'이라는 국립생태원의 미션을 함께 담아 수행한 성과가 바로 장구메기습지 복원이에요. 2023년부터 KT&G의 ESG 추진에 습지센터의 습지복원사업을 연계해서, 경상북도 영양군의 장구메기습지 복원을 순조롭게 마무리했습니다. 약 1.5억 정도 KT&G의 예산 투자로 올해 2월 말에 공사를 완료했고, 현재는 습지보호지역 지정·건의를 마쳤고, 환경부의 검토를 걸쳐 올해 9월 10일에 국가 습지보호지역으로 지정고시 하였습니다.

국립생태원 습지센터는 전국 내륙습지의 효율적인 보전과 관리를 위해 기초조사와 정밀조사를 수행하고, 습지 보전·관리 정책을 지원하는 것을 주 업무로 합니다. 이 외에 청년 대상 SNS 기자단을 모집해서 방문한 습지에 대한 재미있는 내용을 소개하거나 블로깅 형태의 짧은 기사를 작성해 공유하는 사업과 습지 관련 내용들을 모은 간행물 발간 등 습지의 가치를 재인식할 수 있도록 다양한 홍보 활동도 하고 있고요, 앞으로 습지 가치 확산을 주도하고 현명한 관리와 이용이 이루어지도록 관련 학계, 기관과 협력하면서 최선을 다할 것입니다.

장구메기습지 안내문

습지의 미래   국내외 습지 복원 사례

모두 함께 고민해야 할
습지의 복원, 보전, 이용

지구 표면의 6%에 불과하지만 전 세계 생물종의 40%가 서식하고, 10억 명 이상의 인구가 식량을 공급받거나 관광자원으로 부가가치를 얻는 습지. '지구의 허파'라 불리는 습지는 그 중요성에 비해 너무도 빨리, 쉽게 사라지고 있다. 한 번 소실되면 복원이 어렵기에 습지의 올바른 보전과 이용에 대한 관심과 연구가 절실한데… 국내외 습지 복원 사례를 통해 우리가 만들어가야 할 습지의 미래는 어떤 모습인지 함께 그려보자.

산박벌 ⓒ 황정호

국내 사례

우포늪의 생태적 완충지대, 산밖벌

산밖벌은 우포늪 인근의 경남 창녕군 유어면 세진리 420번지 일대를 복원한 습지다. 원래 늪이었던 곳을 메워 농경지로 사용하다가 2012년 습지 개선 지역으로 지정해 면적 192,250m²의 습지로 복원하였다. 산밖벌은 '삼밧꿈벌'이 변한 이름으로, '삼밧'은 산 바깥, '꿈'은 움푹 파인 낮은 땅, '벌'은 습지를 의미한다.

산밖벌은 습지복원 지구와 생태관찰 지구로 조성되어 있으며, 2016년에는 산밖벌과 쪽지벌을 이어주는 출렁다리가 개통되어 우포늪 탐방객들에게 새로운 관광 명소가 되고 있다. 산밖벌의 복원으로 인해 우포늪은 수달, 삵, 새매, 큰기러기, 큰고니 등 더욱 다양한 생물을 수용하게 되었으며, 외부 환경으로부터의 완충 지대가 늘어 습지의 기능이 한층 더 강화되었다.

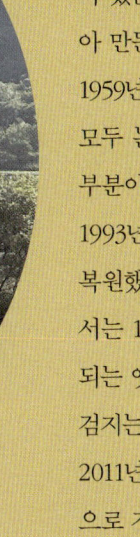

역사·문화·생태적 가치를 인정받은 상주 공검지

김제 벽골제, 제천 의림지와 함께 삼한시대 3대 저수지로 교과서에 등재된 바 있는 상주 공검지는 1,400년 전 삼한시대 못 일대의 늪지대에 제방을 놓아 만든 저수지이다. 예로부터 연꽃이 만발하는 광경으로 명성이 높았지만, 1959년 서남쪽에 오태저수지가 완공되면서 이곳은 모두 논으로 만들어졌고, 그 과정에서 많은 부분이 훼손됐다.

1993년 흔적만 있던 저수지 옛터를 일부 복원했고, 2009년에 진행된 복원 공사에서는 1,400년 전에 축조된 것으로 추정되는 옛 수문이 발견되기도 했다. 이후 공검지는 역사, 문화, 생태적 가치를 인정받아 2011년 최초로 논습지를 포함한 습지보호지역으로 지정되었다.

상주 공검지 ⓒ 국립생태원 습지센터

습지의 미래　　　국내외 습지 복원 사례

폐경작지가 생물권보전지역으로, 고창 운곡습지

전북 고창군 운곡습지는 과거 습지를 개간해서 사용한 다랭이논이 있던 자리다. 1980년대 초 영광에 원자력 발전소가 건설되면서 원전 냉각수 공급을 위한 댐이 지어지자 인근 마을 주민들이 이주하게 되었다. 이후 30년 넘게 폐경작지가 된 다랭이논은 서서히 원시 습지 형태로 자연 복원되었는데, 2010년 전북지방환경청(당시 새만금청)과 고창군청이 이 일대의 생물자원 조사를 통해 380여 종의 동식물 서식을 확인하였다.

고창 운곡습지는 2011년 습지보호지역과 람사르 습지로 지정되고, 2013년에는 유네스코 생물권보전지역으로 지정되었다. 2018년 생물자원 조사에서는 가시연, 물장군, 삵, 수달, 담비, 말똥가리 등 멸종위기종을 비롯해 총 864종의 야생생물 서식이 확인되기도 했다.

고창 운곡습지
ⓒ 고창군생태관광주민사회적
협동조합

상수원 수질 정화 습지, 울산 회야댐 생태습지

울산 울주군 통천리에 위치한 회야댐 생태습지는 원래 농지였으나, 1982년 회야댐이 건설되면서 상수원보호구역으로 지정되었다. 이후 2003년 이곳에 친환경 정화 시설이 세워지면서 생태습지의 조성이 시작되었는데, 2009년 완공된 습지는 비점오염원을 친환경적으로 정화하는데 목적을 두어 갈대, 부들, 연꽃과 같은 다양한 수질 정화 식물들이 식재되었다. 2012년부터는 회야댐 생태습지가 일반인에게 공개되었는데, 상수원보호구역이다 보니 매년 연꽃 피는 시기인 7~8월 중순 딱 한달 간 하루 100명에게만 개방하고 있다. 왕복 4.6km 구간을 해설사와 함께 산책하면서 수질 정화 과정, 수생식물 등 습지와 관련된 다양한 지식을 배울 수 있다.

울산 회야댐 생태습지
ⓒ 한국관광공사 블로그

민관협의기구 구성으로 복원한 시화호

경기 시흥시, 안산시, 화성시에 둘러싸인 시화호는 1994년 시화방조제 공사를 완료하면서 만들어진 대규모의 인공호수이다. 그러나 공장 오폐수 유입으로 수질 문제가 심각해지고 조개가 급속히 폐사하자 시화호를 담수호로 만들어 농업용수를 공급하려던 계획이 폐기되고, 1999년부터 본격적으로 해수를 유입하여 생태계 회복에 나섰다.
시화호는 민관협의기구 구성을 통해 정부, 지자체, 환경운동가 등의 노력으로 먹이 활동하는 철새들이 점차 늘어나, 2023년에는 조류 2만여 마리와 멸종위기 야생 조류 2천여 마리가 서식하는 등 겨울 철새의 주요 이동 경로이자 안정적인 먹이 공급처가 되었다.

시화호 ⓒ 시화호관리위원회 사무국

기업의 ESG 활동으로 복원된 장구메기습지

경북 양양군에 위치한 해발고도 550m의 산지형 습지 장구메기는 과거 화전민들이 개척한 마을이다. 지형이 '장구'처럼 생기고 머루의 지역방언인 '구머(구메)'가 많아 장구메기 마을이라 불렸다. 1970년대까지 논으로 경작되어 왔으나 이후 휴경지로 묵논습지화되어 2005년에는 논둑의 형태만 남게 되었다.
장구메기습지는 분포가 희귀한 산지습지이자 묵논습지임에도 면적이 넓고 생물다양성이 우수한 곳이었다. 국립생태원과 KT&G는 국내 최초로 습지 환경개선 협력 사업에 착수해 쇄굴이 확대 중인 지점의 지반 복원 및 침식 사면 정비, 수로 바닥 복토 및 야자매트 설치, 과거 둑 보강, 목책 수제 설치 등을 진행하였다. 또 습지 보전에 대한 주민들의 참여 인식 개선 교육을 추진함으로써 대표적인 습지 보전 ESG 활동 사례가 되었다.

복원된 장구메기습지
ⓒ 국립생태원 습지센터

해외 사례

두루미 관찰 명소, 일본 쿠시로습지

일본에서 가장 큰 면적을 가진 쿠시로습지는 면적이 193.57km² 로, 일본 전체 습지 면적의 60%에 이른다. 1980년 일본이 람사르 협약 가입 시 최초로 등록한 습지이기도 하다. 쿠시로습지는 1950년대 농경지 개발로 인해 퇴적물이 쌓이고, 홍수 빈도가 증가하면서 하천 직강화 등 각종 관리가 이루어지며 생태계 교란이 지속되었다. 마침내 1999년 쿠시로습지 하천 자연환경 보존위원회가 설립되고, 2001년부터 복원 프로젝트를 시작하였는데 식생 복원, 토사 유입 억제 저류지 조성, 직강화된 구역의 구하도 복원 등 다양한 활동을 통해 습지의 자연성을 회복하였다. 또 두루미 월동지를 확대하고 먹이 주기, 사냥 금지 등 꾸준한 보전 활동으로 현재 두루미 관찰 명소가 되었다.

습지 복원 및 이용의 모범 사례, 홍콩 마이포습지

새우 양식장, 농지 등으로 훼손되던 마이포습지는 1981년 습지의 중요성을 인식한 홍콩 정부와 세계자연기금(WWF) 홍콩지부가 토지 매입 기금을 조성해 양식장을 매입함으로써 복원이 시작되었다. 이 기금의 조성에는 지역 은행과 기업의 도움도 있었으며, 홍콩 정부는 토지 매입 완료 후 WWF 홍콩지부에 마이포습지 보호·관리권을 임대하였다.

1995년 약 1,500ha 규모가 람사르 습지로 지정된 마이포습지는 야생동물 보호 조례에 따라 보전 지역과 이용 지역이 구분되어 있고, 주변 사유지는 10% 수준으로 개발이 제한되어 있으며, 골프장은 개발이 승인되지 않는

홍콩 마이포습지 공원
ⓒ 홍콩습지공원

등 습지 보전을 위한 정부의 노력이 계속되고 있다. 또 WWF는 마이포습지에 교육센터, 현장학습센터, 탐방 데크 등을 설치하여 관람객에게 습지 생태 교육과 탐방 안내 등을 지원하고 있다. 여기에 습지 가치 인식 증진을 위한 자원봉사, 그림 그리기 대회, 사진 공모전 등 다양한 프로그램 운영과 레저 활동, 탐사 등으로 자연보전 기금 모금까지 이루어짐으로써 마이포습지는 정부와 NGO, 기업이 힘을 합쳐 습지를 복원하고 현명하게 이용하는 모범 사례가 되고 있다.

친환경 올림픽의 상징이 된 호주 시드니 올림픽 공원

호주 시드니의 서쪽에 위치한 시드니 올림픽 공원은 원래 대규모 늪이 있어 많은 야생생물과 철새들에게 중요한 서식처였으나, 1788년 영국에서 이주민이 건너오기 시작하며 많은 지역이 쓰레기장으로 이용되었다. 결국 1996년부터 쓰레기 제거가 시작되고 100ha 정도의 습지를 복원하여 공원을 조성하였는데, 이것이 영국 이주 200년을 기념해 1988년 문을 연 200주년 기념공원이다. 시드니 올림픽 공원은 200주년 기념공원 외에도 다양한 공원으로 이루어져 있는데, 그중 18ha 규모로 조성된 웬워스 커먼 공원은 여러 휴식 시설이 설치된 자연 놀이터이자 피크닉 장소이며 다양한 개구리와 물새 서식처이다. 이곳의 관리 시스템을 통해 연간 7억l 정도의 물이 재활용되어 시드니 올림픽 공원 운영에 이용된다.

또 밀레니엄 파크랜드에서는 1992년 올림픽 테니스 경기장 건설 예정지에서 개체수가 급격히 감소하던 개구리 'Green and Golden Bell Frog'가 발견되었는데, 주정부가 고심 끝에 테니스장을 1km 남쪽으로 변경하고 웅덩이 주위에 울타리를 설치함으로써 습지 복원의 중요성과 친환경 올림픽을 널리 알리는 계기가 되었다.

하천습지 복원으로 홍수 예방과 생태계 건강성을 회복한 **독일 이자르강**

이자르강은 다뉴브강의 지류로 독일 뮌헨 시내 8km를 관류한다. 1800년대부터 홍수를 막기 위해 호안 축대 쌓기와 직강화 작업, 인공 수로를 건축하면서 자연 하천의 특성이 크게 훼손되었고 이는 수심, 수온, 수질, 유속 등을 변경해 생물의 서식처 기능을 악화시켰다. 게다가 홍수 예방 역시 기존의 둑과 보만으로는 한계가 있음이 드러났다.

그러자 1995년 전문가 그룹과 주민들이 참여하여 생태 회복, 홍수 방어, 친수성 도모를 목적으로 한 하천습지 복원 계획을 세웠고, 2000년대부터 공사가 진행되었다. 제방은 여유고를 확보하고 저수로를 확폭하였으며, 수목을 제거하지 않으면서 제방을 강화하는 공법으로 보수하였다. 하안 공사는 여러 타입으로 진행했는데, 우선 어류가 자유롭게 이동할 수 있는 연속성을 확보하기 위해 하상보를 철거하고 하상에 웅덩이를 만드는 공법으로 침식을 방지하였다. 또 낙후된 하수처리시설을 정비하여 수질을 개선하고, 돌계단, 자갈 사주를 만들어 휴식 공간으로 제공하였다. 이후 이자르강은 홍수에 대한 안정성과 하천 역동성 회복, 생태계 건강성 증진 등으로 긍정적인 평가를 받고 있다.

습지 복원의 표본이 된 **미국 볼사치카습지**

미국 캘리포니아주 헌팅턴 비치에 위치한 볼사치카습지는 1899년 오리 사냥을 위해 바다로 통하는 길목을 둑으로 막으며 생태계가 파괴되기 시작했다. 여기에 1920년부터는 석유회사들의 대규모 유전 개발이 진행되어 생태계 파괴가 가속화되었다.

볼사치카습지 생태계의 중요성이 알려진 건 비영리 환경단체 볼사치카 친구들(Amigo de Bolsa Chica)이 생태 관광 프로그램의 운영과 습지 보전 운동을 시작하면서부터다. 볼사치카 친구들은 1989년 주 정부의 습지 일대 주택 개발 사업을 1/10로 축소시켰고, 이후 볼사치카습지 복원 프로젝트가 결정되었다. 2004년 공사가 시작된 지 3년만에 습지의 전체 면적 중 3분의 1 가량이 복원되었으며 복원 비용으로 총 1억 4,400만 달러(약 1,972억 원)가 사용되었다.

둑을 허물어 예전처럼 바닷물이 드나들게 된 볼사치카습지의 생태계는 눈에 띄게 회복되고 있다. 어류는 2007년 19종에서 2009년 46종으로 늘었고 해안가에 서식하는 거머리말의 서식지는 3,600m²에서 130,000m²로 넓어졌으며, 한해 약 200여 종에 이르는 조류가 이 습지에서 관찰되곤 한다. 현재 볼사치카습지에서는 낚시, 자전거 타기, 조깅, 애완동물 출입이 금지되어 있으며, 정해진 산책로 탐방과 사진 촬영, 그림 그리기 등 습지 생태계에 영향을 미치지 않는 활동만 할 수 있게 정해져 있다.

조류 대체 서식지로 조성 중인 영국 레이큰히스습지

영국 서포크 지역 내륙에는 갈대밭을 복원하는 레이큰히스습지가 조성되고 있는데, 이곳은 해수면 상승으로 50년 내에 민스미어습지가 바다에 잠길 것에 대비해 만드는 조류 대체 서식지이다. 영국 왕립조류보호협회는 1995년부터 지속적으로 300ha의 땅을 매입해 왔다.

습지의 바닥은 물이 천천히 빠져나가도록 습지 주변에 초지를 조성하고 가장자리에는 언덕을 만들었으며 수위를 조절할 수 있도록 여러 개의 수문을 설치했다. 이러한 노력의 결과로 유라시아 갈대 참새의 수는 1995년 4쌍에서 2002년 355쌍으로 증가했으며, 흰두루미도 400년 만에 처음으로 습지에서 번식하였다. 또 겨울철에는 2천여 마리의 오리류를 비롯해 개구리매와 알락해오라기 등 다양한 조류들이 서식하고 있다. 레이큰히스습지에는 다양한 산책로와 방문자센터가 조성되어 있으며, 유료 입장이 가능하다. 온라인 블로그에서는 습지의 최근 소식을 접할 수 있다.

레이큰히스습지 ⓒ 영국왕립조류학회

NIE ECO SPECIAL 04

appendix

부록

용어 색인

참고 문헌 및 사이트, 이미지 협조

용어 색인

ㄱ

가시박	68, 69, 70
가시상추	68
가시연	55, 56, 57, 71, 74, 148, 151, 186
각시물자라	93
갈대	35, 55, 60, 61, 62, 63, 66, 80, 163, 167, 186, 191
감돌고기	166
강준치	114, 116, 117, 121, 124, 125
개개비	78, 79, 80
개구리밥	35, 59, 63, 66
갯버들	65, 66, 67
갯벌	11, 151, 154, 155, 165, 175
검은별고사리	14, 15
검정말	58
게아재비	93, 94
고라니	127, 147
고리도롱뇽	159
고창 운곡습지	151, 186
고추잠자리	108
고층습원	11
괭이사초	64
구렁이	160
귀이빨대칭이	38
금개구리	159
기수갈고둥	165
기수습지	13, 175
기후변화	96, 97, 99, 103, 169, 170, 171, 172, 173, 176, 178, 180
깨알물방개	91
꼬마넓적물땡땡이	92
꼬마물떼새	76, 77

ㄴ

나무벌	11, 26, 27, 29, 33, 37

ㄷ

낙동강	11, 32, 54, 55, 68, 71, 116, 120, 151, 176
남생이	35, 161
내륙습지	10, 11, 13, 14, 15, 33, 51, 142, 143, 144, 150, 173, 183
너구리	127
노란잔산잠자리	162
노랑부리백로	154
논고둥	37, 38, 46
논우렁이	34, 37, 38, 104, 106
능구렁이	130
늪배	38

ㄷ

단풍잎돼지풀	68
달뿌리풀	61
담수호습지	12, 142, 144
대대제방	11, 28, 30, 31
대모잠자리	163
대암산 용늪	11, 33, 151, 176
도롱뇽	129, 159
도루박이군락	55
독미나리	153
돌상어	148, 167
동백동산습지	33, 150, 151
동애등에	113
동자개	114, 119, 120, 125
돼지풀	68, 149
된장잠자리	109
두꺼비	49, 129, 130
두드럭조개	164
두점박이사슴벌레	163
둠벙	58, 108, 111, 113
뒤영벌	97
등빨간거위벌레	102, 103
따오기	41, 43, 55, 72, 73, 74
따오기복원센터	27, 29, 43
떡붕어	114, 115, 116

ㄹ

람사르 습지	33, 34, 38, 91, 151, 174, 186, 188
람사르 습지도시	26, 33, 55

193

람사르 협약	13, 26, 34, 38, 174, 176, 182, 188	범람원	11, 176, 178
레이큰히스습지	191	변형날개바이러스	99
		별쌍살벌	97
		볼사치카습지	190, 191
ㅁ		부엽식물	57, 58, 59
		부영양화	58, 59, 69, 124
마름	37, 55, 58, 59	부유식물	57, 58, 60
마이포습지	188, 189	북방실잠자리	97
매토종자	57	불균시아목	95, 96
매화마름	151, 153	붉은발말똥게	165
맹그로브숲	11, 175	붕어	38, 114, 115, 116, 122, 125, 147
맹꽁이	35, 159	붕어마름	58
메기	119, 120, 121	블루길	114, 122, 123, 124
메추리장구애비	93, 94	비바리뱀	161
며느리밑씻개	62	빙망질	38
멸종위기 야생생물	14, 38, 43, 55, 56, 85, 91, 117, 126, 127, 146, 148, 152, 153, 154, 155, 156, 158, 159, 160, 161, 162, 163, 164, 165, 166, 167		
		ㅅ	
모래무지물방개	91	사지포	28, 32, 33, 37, 59
모래벌	11, 26, 28, 30, 33, 37	사지포제방	28, 30, 31
목포	33, 37, 55, 59, 63, 66, 70	사초군락	27, 29, 31
목포제방	29, 31	사향제비나비	100, 101
무산쇠족제비	157	산박벌	26, 29, 31, 32, 40, 70, 184, 185
무제치늪	11, 151	산양	157
묵납자루	167	삵	35, 126, 185, 186
물고사리	153	상주 공검지	151, 185
물꿩	41, 74, 75, 76	새뱅이	107
물닭	35, 82, 83	생물다양성	71, 72, 74, 81, 91, 139, 152, 172, 176, 178, 180, 187
물방개	91, 92, 93, 112, 163		
물벌레	90	생이가래	55, 58, 59, 60, 63, 66
물수리	155	생태계서비스	178, 181, 182
물억새	61, 62, 65	선버들	55, 65, 66
물자라	90, 93, 110	소금쟁이	90, 93
물총새	77, 78	소목마을	27, 29, 31, 33
미국쑥부쟁이	68, 149	소벌	11, 26, 27, 29, 33, 37
미꾸리	118, 119	소택지	11, 12, 93, 142
		송사리	114
		송장헤엄치게	93, 111
ㅂ		쇠살모사	131
		수달	35, 127, 156, 185, 186
배스	114, 122, 123, 124, 125	수서곤충	35, 91, 92, 93, 94, 95, 116, 139
배후습지	32, 33, 54, 66	수원청개구리	158
백조어	117	수채	90, 95
버들붕어	114, 121	순천만	151, 176, 180

습지보전법	11, 13, 51, 179	장수말벌	97
습지보호지역	9, 11, 13, 26, 33, 68, 90, 91, 95, 151, 183, 185, 186	저습지	11, 12
		저어새	155
시드니 올림픽 공원	189	저층습원	11, 12
시화호	187	전망대	27, 28, 29, 31, 41
		전주물꼬리풀	14, 152

ㅇ

		정수식물	57, 62
아무르장지뱀	131	제비나비	100, 101
알락꼬리마도요	155	좀물땡땡이	92
알물땡땡이	92, 112	줄	63, 66
알물방개	91, 112	줄장지뱀	131, 161
애기메꽃	65	쪽지벌	11, 26, 29, 32, 40, 55, 59, 65, 66, 185
애기물방개	91	찔레꽃	66
애넓적물땡땡이	92		
애물땡땡이	92		
애소금쟁이	93	## ㅊ	
어름치	167		
어리호박벌	99	참개구리	128, 147
연	59, 60	창녕군	26, 32, 38, 40, 41, 43, 44, 46, 48, 51, 54, 55, 73, 104, 185
연분홍실잠자리	96, 97		
연안습지	137, 175, 176	창녕생태곤충원	27, 48
염주알다슬기	165	출렁다리	29, 31, 40, 41, 185
온실가스	169, 173	침수식물	57, 58
왕버들	29, 35, 65, 66	침형 구기	93
왕은점표범나비	163		
용장택	11		
우만제방	27, 31	## ㅋ	
우포늪 생태체험장	27, 46		
우포늪생태관	27, 29, 31, 44	쿠시로습지	188
우항산	37	큰고니	35, 41, 83, 84, 85, 86, 185
유혈목이	130, 147		
육지해녀	37		
이삭사초	63, 64, 65	## ㅌ	
이자르강	190		
이지포	11	탄소	135, 174, 181
이탄	11	털물참새피	66, 68, 69, 70
잉어	38, 114, 121, 125	토평천	11, 27, 32, 40, 51, 55, 66, 68, 69, 70

ㅈ

ㅍ

자라	130	파랑새	87
자색물방개	91	폐사	124, 125
자주땅귀개	153	표범장지뱀	161
장구메기습지	183, 187	플라나리아	105

195

ㅎ

하구염습지	12, 144
하늘다람쥐	157
하도습지	12, 142, 144
한강납줄개	167
한국산개구리	128
한국적색목록	14, 152, 153, 162, 163
한못	10, 14
호랑지빠귀	88, 89
호박벌	97, 98, 99
혹외줄물방개	91
화왕산	28, 32, 33, 37, 55
환경지킴이	39
환삼덩굴	62, 68, 149
황근	15
황새	155
황소개구리	128
황조롱이	80, 81
회야댐 생태습지	186
흰발농게	165

A~Z

WWF	179, 188, 189
WWT(Wildfowl and Wetland Trust)	179, 180

참고 문헌

경남도민일보. 습지 선진국을 가다(상)올림픽보다 습지 선택한 호주. https://www.idomin.com/news/articleView.html?idxno=210479.

경남도민일보. 습지 선진국을 가다(중)자연과 인공의 조화 홍콩습지. https://www.idomin.com/news/articleView.html?idxno=210701.

경상남도람사르환경재단. 2021. 산밖벌 습지관리개선을 위한 생태계 기초조사결과 공유 워크숍.

경상일보. 악취나던 쓰레기장서 모두가 즐겨찾는 휴식공간으로 변신. https://www.ksilbo.co.kr/news/articleView.html?idxno=642712.

국립생물자원관. 2023. 국가생물종목록. https://www.kbr.go.kr/content/view.do?menuKey=799&contentKey=174.

국립생물자원관. 습지보호지역 지정으로 생명의 희망 가득!. https://species.nibr.go.kr/endangeredspecies/rehome/news/news_view.jsp?&bbs_man_sno=3&search_key=&search_keyword=&page_count=13&bbs_sno=174.

국립생태원. 2024. 2023년 국립생태원 연구연보. 국립생태원. 157pp.

국립생태원. 경기도 안산에 위치한 인공습지 '안산갈대습지'. https://blog.naver.com/wetlandkorea/223237775102?trackingCode=blog_bloghome_searchlist.

국립생태원. 『부산, 경남의 아름다운 습지』- 2021년 습지SNS 기자단 활동 기사 Review. https://blog.naver.com/wetlandkorea/222616930458.

국립생태원. 사람과 자연의 공생 『고창 운곡습지』. https://blog.naver.com/wetlandkorea/222879298269.

국립생태원. 상주 공검지의 가을과 역사. https://blog.naver.com/wetlandkorea/222953412115?trackingCode=blog_bloghome_searchlist.

국립생태원. 『상주 공검지』 해설사와 함께 떠나는 생태 여행. https://blog.naver.com/wetlandkorea/222492244877?trackingCode=blog_bloghome_searchlist.

국립생태원. 『우리나라 4대 저수지 경북 상주 공검지』- 국립생태원 습지센터 20' SNS 기자단. https://blog.naver.com/wetlandkorea/222036115504?trackingCode=blog_bloghome_searchlist.

권순직, 전영철, & 박재흥. (2013). 물속 생물 도감: 저서성 대형무척추동물.

기호일보. 저어새, 너는 누구냐?. https://www.kihoilbo.co.kr/news/articleView.html?idxno=728392.

김성현, 최순규. 2024. 우리나라 탐조지 100. 자연과 생태.

김숙진. 2017. 생물권보전지역의 지속가능한 발전-운곡습지의 생태관광을 중심으로. 한국사진지리학회지, 27(1), 151-166.

김익수, 최윤, 이충열, 이용주, 김병직, 김지현. 2005. 한국어류대도감. 교학사. 615pp.

김익수. 2021. 우리물고기의 생물다양성 탐구. 자유아카데미. 264pp.

김진석, 김종환, 김중현. 2018. 한국의 들꽃: 우리 들에 사는 꽃들의 모든 것. 돌베개. 657pp.

김태성 외. 2016. 제3차 습지보호지역 정밀조사(2016년). 국립환경과학원. 환경부.

김혜주. 2010. 인간과 하천 5-[외국의 하천복원시리즈 5] 독일 뮌헨의 이자 강 (Isar) 살리기 사업, River and Culture, 6(3), 93-103.

낙동강유역환경청. 2021. 제6차 우포늪 습지보호지역 보전계획.

낙동강유역환경청. 2024. 우포늪 물고기 서식지 환경 조사 및 폐사 방지 대책 마련. 낙동강유역환경청. 277pp.

박진영, 최종수. 2010. 우포늪의 조류. 국립환경과학원.

박치영. 2016. 충남대학교 박사학위논문. 조간대 복원이 조류의 군집구조와 분포에 미치는 영향에 관한 연구 : 경기도 시화호를 대상으로.

백문기, 신유항. 2014. 한반도 나비 도감. Chayŏn kwa Saengt'ae.

백문기. 2016. 화살표 곤충도감. 자연과 생태. 552pp.

부산일보. [낙동강 하구 생태 자원화] ① 영국 인공습지. https://www.busan.com/view/busan/view.php?code=20050908000018.

새만금지방환경청. 2017. 제2차 고창 운곡습지보호지역 보전계획('18~'22) 수립 연구.

손상봉. 2013. 주머니 속 곤충도감. 황소걸음. 서울. 488pp.

시흥시. 시화호의 기적을 시민의 삶으로, 시화호 매력 느낄 수 있는 프로그램 '다채'. https://blog.naver.com/siheungblog/223077037236?trackingCode=blog_bloghome_searchlist.

안수정, 김원근. 2010. 노린재 도감. 필통 속 자연과 생태.

오경환 외. 2006. 제1차 습지보호지역 정밀조사(2006년). 환경부, 국립환경과학원. 동진문화사.

에코뷰. [특집] 사람이 자리 내주자 스스로 복원한 고창운곡습지. https://ecoview.or.kr/people/?idx=13402700&bmode=view.

영산강유역환경청. 2020. 제 2차 순천 동천하구 습지보호지역 보전계획 수립 연구.

울산광역시 상수도사업본부. 체험코스 소개. https://water.

ulsan.go.kr/page/service/wetlandExp4.do.
울산광역시. 울산시, 회야댐 생태습지 탐방행사 실시. https://www.ulsan.go.kr/u/rep/bbs/view.do?bbsId=BBS_00000000000027&mId=001004003001000000&dataId=163752.
울산광역시 웹진. 울산의 생태 DMZ 회야댐 생태습지가 열린다. https://webzine.ulsan.go.kr/contents/view.do?bbsId=BBSMSTR_000000000180&nttId=14330.
워터저널. Part 03. 쿠시로강·메콩강 하천복원 사례. https://www.waterjournal.co.kr/news/articleView.html?idxno=10232.
이정현, 김일훈, 박대식. 2023. 한국 파충류 생태 도감. 자연과 생태.
이창수 외. 2020. 제3차 전국내륙습지 모니터링(2020년) 1권. 국립생태원.
이창수 외. 2022. 내륙습지 기초조사(2022년) 1권. 국립생태원.
이창수 외. 2023. 내륙습지 기초조사(2023년) 1권. 국립생태원.
임정철. 2021. 습지복원동향과 활성화 방안.
전북지방환경청. 2022. 제3차 고창 운곡습지보호지역 보전계획(2022.12).
정지웅 외. 2011. 제1차 습지보호지역 정밀조사(2011년). 환경부 국가습지사업센터. 대양문화사.
조양훈, 김종환, 박수현. 2016. 벼과 사초과 생태도감. 지오북. 526pp.
최순규. 2016. 화살표 새 도감. 자연과 생태.
최순규, 박정미. 2023. 우리동네 새 사전. 자연과 생태.
한국관광공사. 1년에 한 달, 나만 알고 싶은 '비밀의 정원' 울산 회야댐생태습지. https://korean.visitkorea.or.kr/detail/rem_detail.do?cotid=699b94c3-b401-471f-b8a6-86ce546730a0.

Eco kids planet. The God of the Marshes - The Red Crowned Crane. https://www.ecokidsplanet.co.uk/blogs/news/the-god-of-the-marshes-the-red-crowned-crane.
Finlayson, C.M., Milton, G.R., Prentice, R.C. 2016. Wetland Types and Distribution. In: Finlayson, C., Milton, G., Prentice, R., Davidson, N. (eds) The Wetland Book. Springer, Dordrecht. https://doi.org/10.1007/978-94-007-6173-5_186-1.
Generschh, E., & Aubert, M. (2010). Emerging and re-emerging viruses of the honey bee (Apis mellifera L.). Veterinary research, 41(6).
Lafent. 자연에서 배우는 생태복원_5회. https://www.lafent.com/inews/news_view_print.html?news_id=109279.
Lafent. 자연에서 배우는 생태복원_6회. https://www.lafent.com/mbweb/news/view.html?news_id=109536.
Onlysydney. Wentworth Common. https://www.onlysydney.com.au/wentworth-common.
Southern California Wetlands Recovery Project 2024. Bolsa Chica Wetlands Restoration. https://scwrp.org/projects/bolsa-chica-lowlands-restoration.
The Royal Society for the Protection of Birds. Lakenheath Fen. https://community.rspb.org.uk/placestovisit/lakenheathfen/b/lakenheathfen-blog.
Wikipedia. Bolsa Chica Ecological Reserve. https://en.wikipedia.org/wiki/Bolsa_Chica_Ecological_Reserve.
Wikipedia. Isar. https://en.wikipedia.org/wiki/Isar.
Wikipedia. Lakenheath Fen RSPB reserve. https://en.wikipedia.org/wiki/Lakenheath_Fen_RSPB_reserve.
Wikipedia. Mai Po Marshes. https://en.wikipedia.org/wiki/Mai_Po_Marshes.
Wikipedia. Sydney Olympic Park. https://en.wikipedia.org/wiki/Sydney_Olympic_Park.

참고 사이트, 이미지 협조

국립생태원 www.nie.re.kr
기상청 날씨누리 www.weather.go.kr
창녕여행 www.cng.go.kr
한국 외래생물 정보시스템 kias.nie.re.kr
한반도의생물다양성 species.nibr.go.kr